U0145649

企業24強+

台達電的綠能傳奇

環保教父鄭崇華的傻瓜行動力

Be Veg. Go Green Save the planet

伍忠賢 著

五南圖書出版公司 印行

# 台灣企業24強⁺出版緣起 ▶▶

　　世局瞬息萬變，商場如戰場。正值大環境嚴格考驗台灣企業的經營智慧與逆境商數之際，我們從台灣114萬家企業、696家已上市公司中，規劃「台灣企業24強⁺」系列，挑選值得投資十年以上，具有華倫·巴菲特概念股的公司，深入剖析該企業的經營理念、實務運作。為讀者作足基本面的功夫，解讀經營面的智慧，提出市場走勢的前瞻見解。其中鴻海、台積電、華碩等高科技產業；統一、台塑、聯強等傳統產業；富邦、新光、國泰金控，均囊括其中。

　　五南熱情投入，為投資人、上班族、企業經營領導者、大學商管院學院的師生，專業打造一套「精采絕倫，傳諸子孫」的饗宴：台灣企業24強⁺。

## 傳世級的菜單：

　　「台灣企業24強⁺」要為大家指出，成功是有跡可循的，企業典範值得效法的地方。

## 國寶級的主廚：

　　五南力邀著作等身、任職真理大學財務金融系的伍忠賢教授，以其十年企業實務、四十本書的創作經驗，為本系列擔綱提筆，為讀者披沙瀝金，深入淺出的企業故事。

## 大師級的顧問：

　　五南邀請企管界的開路先鋒，現職元智大學遠東管理講座教授、中華民國管理科學學會理事長許士軍先生，以及中央研究院台灣史研究所所長許雪姬博士擔任本系列企管、歷史的諮詢顧問。

## 專業級的鑑賞：

　　五南也特別邀請財訊文化事業集團的執行長、今周刊發行人謝金河先生，以其在財經、金融、媒體的專業，為讀者鑑賞；不僅如此，五南也邀請到工研院產業經濟與趨勢研究（IEK）主任杜紫宸先生，以其在資訊、高科技等領域產業分析的管理經驗，為讀者鑑賞，擔任本系列的推薦人。

## 出版人的期待：

　　五南出品，必屬佳作，相信「台灣企業24強⁺」必能呈現專業深度、創意廣度、新聞長度等三度內涵的傑作。

　　「台灣企業24強⁺」，值得流傳全球，且讓我們一起來閱讀，一起來期待。

楊榮川

謹誌於五南　2006.1.23

## 還好台灣有鄭崇華

「社會產業的經營目的，是為了達成社會目標。成立公司之後，我們的目標就是使孟加拉鄉村貧窮者的營養獲得改善。社會產業不會分股息，它賣東西的利潤是用來追求財務獨立，永續經營。公司投資人在一段期間後可以回收原來的資金，但是不會分到股利，因為所有賺得的利潤都會用來擴大事業規模，創造新的產品或服務，為世界做更多的好事。」

穆罕默德・尤努斯（Nuhammad Yunus）
孟加拉鄉村銀行創辦人，2006 年諾貝爾和平獎得主
《打造富足新世界》

## 我很注重公益與環保

「幸福不是一切，人生還有責任。」

卡繆　法國作家

我在許多書中都曾引用過這句話，「賺錢」（財富排行）並不是我從事寫作對象的唯一指標，從 2008 年 3 月出版的《奇美

的幸福經營學——許文龍的心視界》起，至少會有一章專門介紹
該企業家如何做環保、公益。甚至從本書開始的一系列書籍都將
此列為必備內容。希望能多宣揚企業家如何善盡企業社會公民責
任。

## 五南的公益心

2007 年 9 月，五南圖書公司主編對我說：「台達的董事長鄭
崇華非常注重環保、公益，可不可以基於公益的出發點，寫一本
有關他的書？」她的「基於公益」是指「售價打對折」，像《鴻
海藍圖》定價 400 元，在同樣頁數下，本書定價打對折。與其進
也，不如退也！我也立即表示「我的版稅稅率也打對折」，一起
共襄盛舉。

## 鄭崇華並不夯

低調、成長穩健、重視社會公益，是一般人對台達的普遍印
象。然而，或許是由於產品線的龐雜和低調的工程師性格使然，
台灣的消費大眾，對這個頂著「全球第一大交換式電源供應器」
光環的電子公司，一向沒有深刻的了解。

以曝光率來說，就數「台灣首富」鴻海集團董事長郭台銘相關的書最好賣，我也寫了三本專書介紹，都締造出卓越的銷售成績。

以才藝來說，會拉小提琴、彈曼陀琴、繪畫、銅雕的奇美集團創辦人許文龍，可說是企業家中最引人注目的。2008 年 3 月 20 日，有幸蒙他接見，一起分享他的經營理念。

其實還有很多優秀的企業領袖，值得大家去探討，但意外的是，台達、鄭崇華似乎都不會出現在許多作者寫書名單之中。

## 看了本書，你會對鄭崇華肅然起敬

因著五南圖書公司的公益心，我才有機會接觸這位被媒體譽為台灣第一位「企業環保長」，素有「環保傳教士」稱譽的台達集團的創辦人暨董事長鄭崇華。

如同演員演戲得揣摩劇中人物的性格（入戲才能活靈活現），同樣地，當我把「鄭崇華環保公益」的事蹟整理出來後，不禁慶幸「還好台灣有鄭崇華」。

# 我由衷感謝許士軍教授的啓發

　　本書的重點在於企業公民責任（第 3 章）、環境保護（第 4 章）、公益（第 5 章），我皆能從宏觀角度，說明歷史背景、思潮演進，甚至自創分析方法（例如綠建築九項指標的分類）；藉以分析台達、鄭崇華的相關作為「有所本」。這點，主要來自博士班一年級時，許士軍教授的教誨，也是想額外跟您分享的。

**伍忠賢**

謹誌於台北縣新店市

2009 年 12 月

# 目錄 ▶▶

# 從流亡學生到巨富的鄭崇華

堅持走對的路，以品質為依歸；
做生意「正直」出了名的鄭崇華，凡事有他的堅持；
寧可拿不到訂單，也不允許員工涉足聲色場所；
寧可三年沒生意，也不碰老東家的客戶；
寧可得罪大客戶，也不與仿冒者有生意往來……；
鄭崇華堅持第一次就把事情做好，堅信品質才是一切的依歸。

陳昌陽
《經理人月刊》，2005 年 11 月，第 115 頁

# 為什麼要了解鄭崇華？

　　讀偉人傳，多少會給人「有為者，亦若是」、「見賢思齊」的作用，以《第五項修練》（1992）一書聞名的管理大師彼得・聖吉，在《天下雜誌》2004 年 10 月的專訪中強調：「你可以定下你的志向，但我不覺得你能夠因模仿某家公司而創造出偉大企業。我覺得，鼓舞（inspiration）的真義與被鼓舞成為另外一個人是不同的。因為在一個學習的過程，觀察另外一個人的成功，能幫助確認你個人的形象與對未來可能性的視野，但你的視野最終屬於你自己的，而不是別人的。從那一點開始，你從模仿他人，轉為創新。」[1]

　　台灣最大出版集團城邦集團執行長（2007 年 3 月，調升為副董事長）、2007 年暢銷書《自慢》的作者**何飛鵬**，在一篇「對不在方法，對在人」的文章中，針對「榜樣學習」有一段建議：「如果要學習別人的成功經驗，**關鍵不在學習其成功的方法，而在學習『人』，學習成功者的態度、思維、物質、風度、氣量，這些才是成功的核心**，也是成功方法背後的潛在要素。不要陷入一般人只會學習成功的方法，本末倒置，以至於複製、學習都不易成功，但卻永遠在追求成功方法的更新，忘記一切要從自我檢視、探索開始。」[2]

## 99.9% 的企業相關書只是外行看熱鬧

　　十四到十九世紀，人類模仿鳥類飛行失敗的原因在於科學不

發達，不了解空氣動力學，無法知曉飛行的原理。

同樣地，坊間有不少書籍不斷地告訴讀者，要想更上一層樓，就須模仿企業家成功的動作，這種說法如同以為裝了翅膀就會飛一樣，只知其然，不知其所以然。

台灣大學國際企業系教授、著名策略管理學者湯明哲認為，「策略是任何事業的基石，它不是單一的動作，而是由一系列環環相扣的策略性活動所支撐，這一系列活動構成複雜的策略行動系統（strategy activity system），要模仿就要全盤的模仿，讓策略成為一個系統的觀念，並為自己所運用，否則掛一漏萬，畫虎不成反類犬。」例如有公司認為台塑集團的成功是其資訊系統，以為有資訊系統就能成功，卻忽略了台塑集團設計資訊系統背後的管理邏輯和企業文化。[3]

## 聯合航空畫虎不成反類犬

1994 年，美國聯合航空公司要在加州市場跟西南航空公司競爭時，聯合航空決定要把西南航空這個成功的對手當作標竿，因此模仿起西南航空的一些知名做法，包括空服員穿著休閒式的制服、公司只飛波音七三七型的飛機、飛機上不供應餐點等。

結果，西南航空在加州的市場占有率不減反增，聯合航空的模仿策略最後以失敗收場。為什麼一家公司努力向標竿企業看齊，卻得不到標竿企業的好成績？

美國史丹福大學菲佛（Jeffrey Pfeffer）和沙頓（Robert I.

Sutton）兩位教授，在 2006 年 3 月出版的《*Hard Facts*》書中，指出標竿企業的某項成功做法，常會吸引其他公司競相學習，但是，這些公司往往只模仿了最容易看見的部分，卻沒有深究這些措施之所以成功的背後原因，以及如何才能成功地把該做法移植到自己的公司，結果只是盲目模仿表象而已。

在聯合航空的例子中，公司最後之所以失敗，主要原因就是掉入了標竿學習的迷思。西南航空成功的基礎在於獨特的企業文化和管理哲學，例如西南航空一向把員工擺在第一位，縱使 2001 年 911 事件之後，業界一片淒風苦雨，西南航空從頭到尾沒有裁掉任何一名員工。重要的是西南航空如何對待員工，而不是員工穿了什麼樣的制服。

作者引用聯合航空一名主管的看法，來說明這個觀念：「在標竿學習中，我們一直學錯了事情，我們需要模仿的不是別人如何做，而是別人如何思考。」

當然，聯合航空的失敗，不在於東施效顰，而是美國麻州理工大學教授萊斯特‧梭羅（Lester C. Thurow）所說的「半調子社會主義」。1994 年，虧損嚴重的公司把 55% 股權賣給員工。身兼勞方與資方的員工在董事會上，通過高薪資，以致公司無利可圖，因此有人用「殺了下金蛋的母雞」來形容這種自肥現象。

## 本書「內行看門道」

我本身是企管博士，對於理論、實務經驗、寫書能力與創

意四項核心能力又知之甚詳，因此能「庖丁解牛」地讓你登堂入室，一窺堂奧，而不至於瞎子摸象。

為了讓「紙上談兵也有用」，必須採取管理學（尤其是策略管理）中的分析方法做為架構，來分析台達、鄭崇華的做法。正如全球策略管理大師麥克‧波特（Michael E. Porter）所說，一家公司如何把多種能力組合成活動系統（activity system），創造出其他公司難以模仿的競爭優勢，如此才可長可久。本書一一把台達兼顧環保與獲利的經營方式，照表操課破解其成功之道。

# 壹、創業

鄭崇華在 1971 年創業，時年 35 歲，本節說明其 13 歲來台後到創業的歷程。

## 流亡學生的生活

2007 年 4 月 2 日，鄭崇華獲得中央大學名譽博士的榮譽，他以「環保、節能，永續經營」為題發表演說，暢談他從流亡學生到創業成功的心路歷程。

1936 年出生在大陸福建建甌的鄭崇華，1949 年時因為國共內戰爆發，當地學校停課，他只好隨著舅舅輾轉到了台灣，並進入台中一中初中部就讀，從此開始他的住宿生涯。

---

**小檔案**

### 企業環保長鄭崇華

出生：1936 年於福建省建甌，太太謝逸英，兒子鄭平、鄭安

現任：台達集團董事長、行政院科技顧問

經歷：美商精密電子（TRW）品管經理、亞洲航空工程師，各約 5 年；
　　　1971 年，創立台達電子公司

學歷：成功大學電機工程系（48 級，先考上礦冶系再轉系）
　　　2006 年，清華大學頒贈榮譽工學博士
　　　2007 年，中央大學頒予地球科學榮譽博士學位
　　　2007 年，成功大學頒予電資學院名譽工學博士學位

榮譽：1995 年，成功大學校友傑出成就獎
　　　2006 年，榮獲管理科學學會頒發管理學界最高榮譽的「管理獎章」
　　　2008 年 12 月，第三屆潘文淵獎得主，該獎被視為科技領域最高獎項

嗜好：散步、欣賞「探索」（Discovery）頻道、參觀世界各地綠建築

管理哲學：要求下屬「第一次就把事情做對」

宗教：無

---

　　他回憶唸台中一中時，每當寒暑假期，同學都歡樂回家去，只有他一人留在學校，觸景傷情也就罷了，由於學校不開伙，要不是有位老師帶他回家吃飯，鄭崇華可能連飯都沒得吃。但是這種清苦的生活，卻養成鄭崇華堅毅不拔的精神。

## 與星星結下不解之緣

　　後來大陸淪陷，鄭崇華跟福建的家人失去聯絡，夜深人靜

時，他總習慣一個人在宿舍外看星星，想家時，看著月亮，心裡想著，或許這個時候媽媽也正在看著月亮。那時候的星星很亮，時常看見流星劃過天空，他就想到宇宙，想到人生又渺小、又短促，對很多事情也比較看得開了，更懂得把握自己的人生。從此開啟他對浩瀚宇宙的好奇心，體會出地球只不過是宇宙中的一顆小星星與人類的渺小，進而形成他日後謙卑、與大自然和平相處的人格特質，跟天文相關的物理學也因此成為鄭崇華最熱愛的學科。靠著打工和獎學金從成功大學電機系畢業，如果不是因為生活上有就業壓力，他當時最想投入天文物理的研究。

2008 年 7 月 8 日，中央大學副校長葉永烜說，鄭崇華所領導的台達在研發產品朝著節能著手，並不是為了利益，而是為了對環保的承諾，加上鄭崇華對天文的興趣，於是中央大學決定把其鹿林天文台所發現的編號 168126 小行星，命名為鄭崇華（Chengbruce）小行星，位於火星與木星之間。這是第一顆以台灣企業家為名的小行星。

鄭崇華在記者會上以「很意外、很有意義」發表感言，畢竟「行星比人的壽命要長得多，人的生命很短暫，要努力學習，才不會白活」。[5]

### 小辭典

#### 小行星命名

小行星是唯一可以由發現者命名，並得到世界公認的天體。當一顆小行星至少四次在回歸中心被觀測到，並且精確測出其運行軌道參數後，就會得到國際天文聯合會（IAU）國際小行星中心給予永久的編號。「鄭崇華」（Chengbruce）小行星的永久編號為 168126。

發現者擁有對小行星的命名權，命名權在十年內隨時可以行使，所有小行星的命名，須報經國際小行星中心和小行星命名委員會審議通過後，才可公諸於世，成為該天體永久的名字，並為世界各國公認。

## 台灣客戶的鼓勵，興起創業的念頭

1959 年鄭崇華成大電機系畢業後，進入美商亞航擔任維修工程師，而後進入美商精密電子（TRW）起擔任品管工程師迄品管經理。

1960 年代末，台灣公司正興起黑白電視機的製造，但大多數零組件均需從日本進口，服務差且價格偏高，愛國心很強的鄭崇華看到了老東家美商精密電子賣的電子零件太貴，於是自己跳出來創業。

台達的成立過程很偶然，鄭崇華原本並沒有創業的打算，然而基於下列考量，才走上這條路。

鄭崇華覺得在美商工作總是沒有「根」，哪一年生意突然不好，外商就會隨時收掉或是裁員。

台灣的電子零組件大都仰賴日本進口，精密電子公司業績不好時，員工提議做台灣本地客戶的生意，鄭崇華是跟大同公司（2371）接洽的成員之一，感到對大同公司很虧欠。有一次他去大同公司交涉事情，他們碰到零件品質問題，鄭崇華就協助他們解決。從此他們遇到技術問題會來問他，有幾位大同公司的工程部主管建議他開公司來供應零組件給台灣的電視廠，對他說：「鄭先生，你自己有技術，要不要自己來做？」於是他興起了創業的念頭。

有了這個創業的機會，真正的臨門一腳，是因為租到廠房。一個週日，他自己騎腳踏車去公司加班，途中看到廠房出租的廣告，他就轉彎進去看，跟房東談得投緣，租金合理，他就決定承租。他還沒有辭職，就這樣交了兩個月的租金，仍然在精密電子公司上班，薪水大半都交了租金，他想不能再這樣下去，於是就決心辭職創業。

遞上辭呈時，主管問他：「你辭職後想做什麼？」鄭崇華回答：「創業。」他眉頭一皺：「Bruce，你最好不要，創業的失敗率很高，太冒險。」他還說打算把鄭崇華升上來當廠長，管理一個新收購的廠。鄭崇華一口回絕，主管又說：「Bruce, I don't understand.」他覺得這不是鄭崇華的個性，鄭崇華明明是愛管事的人，現在給他升遷，居然不要。

1971 年鄭崇華離職，籌了 30 萬元，在新莊市民安路成立台達電子，創始員工只有 15 個人，其中有些是老同事，生產電視零

件，主要產品是電視線圈和中週變壓器（IFT）。

由表 1-1 可見，鄭崇華跟鴻海集團董事長郭台銘創業時間很接近，可說是「同梯」，資金來源也相似，都是「小本創業」、「白手起家」（大部分資金都是借來的）。產品大多以家電的零件（甚至都是電視線圈）為主，甚至連股票上市日期也相近。

鄭崇華、郭台銘等白手起家的創業歷程，如同長江的源頭只是冰河的融雪，涓涓細流，任何人都可單手斷流。縱使出了發源地，在高山上，也不過是一條小溪，「江海不擇細流」，流著流著，流經集水區，終於成「河」，最後成「江」。

### 1971 年，生產電玩零件

一開始，由於不想跟老東家美商精密電子公司打對台，因此先挑遊戲場的電玩機檯，生產電磁元件。接著生產收音機電子元件，從事電磁零件製造。由於電磁元件多以人工繞線的方式製

表 1-1　鄭崇華跟郭台銘創業經驗比較

| 公司 | 台達 | 鴻海 |
|------|------|------|
| 成立時間 | 1975 年 8 月 20 日 | 1974 年 |
| 借款 | 27.5 萬元 | 10 萬元 |
| 自有資金 | 2.5 萬元 | 10 萬元 |
| 產品 | 電視的線圈、中週變壓器 | 電視線圈、旋鈕 |
| 客戶 | 聲寶、大同 | 聲寶、大同 |
| 股票上市 | 1988 年 12 月 | 1991 年 6 月 18 日 |

造，當時大部分業者紛紛以家庭工廠方式經營，台達即以「品質」作為差異化優勢，很容易勝出。

### 1972 年，進軍家電業

1972 年左右，大同公司因為日本零件問題，造成新開發的電視機產品時程延誤，所以找上台達重新設計。台達產品品質好而且價格只有日本公司一半，從此成為大同公司固定的供貨公司，而大同也成為台達初期唯一的客戶，年營收約百萬餘元；接著台達陸續擴大客戶層到聲寶（1604）等。1975 年，變更登記為台達電子工業股份有限公司（Delta Products）。

### 1983 年，抓準個人電腦的大趨勢

八〇年代，個人電腦興起。1980 年，台達生產個人電腦電源供應器的零件，營收破億元。1983 年，更推出電源供應器（power supply），因品質好且價格相對低，隨即獲得 IBM 個人電腦設計部門認可，並獲得第一張 150 萬台的訂單。此後交換式電源供應器成為台達主要產品及成長動力。1984 年營收達 7.12 億元，首次進入五百大製造業。

從白手起家創立了台達，一直到 2009 年，台達 55% 的營收主要還是來自此產品。

### 1988年，股票上市

1988 年 12 月 19 日，台達年營收 28.4 億元，全國製造業第 140 大，股票上市，募資能力大增，在不缺錢情況下，台達邁開步

伐，大步到泰國、大陸擴產。有了廉價工廠支持，生意做更大了。

# 貳、台達的事業版圖

　　看《三國演義》、《水滸傳》時，常因組織、人物的錯綜複雜，以致很容易讓人弄混了。在第 1 章之貳，說明台達集團的事業版圖與相關主管，先鳥瞰，先見林，以後再來「見樹」。

　　台達集團的組織設計可分為集團、公司二個層級來說明，由於公司低調，所以對於各組織、人事的相關資料極為有限。以人事來說，除了每季法說會中曝光的海英俊、柯子興以外，外界很少會看到其他主管的照片，更遑論「聽其言，觀其行」了。

　　有關集團層級的組織圖，我從本系列的第一本書《鴻海藍圖》起，便採取產業來劃分，以電子業的發展時序來說，便是表1-2 中的第一列。

**生產單位**

　　台達集團海外子公司幾乎全部都是工廠，命名原則很簡單。

　　例如在泰國股市上市的泰國台達電子（台達集團喜歡簡稱泰達），像金仁寶集團的泰金寶也是同樣道理。

　　台達集團在大陸成立的公司，尤其是廣東東莞的據點，都是以「台達電子」為「姓」，再加上「地名」當成「名字」，詳見表1-2。

### 事業單位

由表 1-2 可見，台達集團五家較有名的事業單位級的子公司，其中奇達光電是奇美電子跟台達合資的，所以從二家公司各取一個字來命名。至於達晶半導體，資本額不大，缺乏相關資料。

跟華碩喜歡掛「碩」、奇美集團喜歡掛「奇」來命名子公司不一樣，台達集團對事業級子公司的命名，主要以產業特性來命名，例如「旺能」很容易讓人聯想到「日」（旺拆成日、王）、「能」。

### 加董事頭銜

2004 年選任的董事中，有二位是子公司的頭，一位是旺能董事長莊炎山，另一位是泰達董事長黃光明。2006 年，張訓海換下黃光明，莊炎山也跟著卸任，由梁榮昌接任。

表 1-2　台達集團事業單位的大小

| 2009 年第 3 季營收規模 | 事業群 | 獨立事業部 | 子公司（股本） |
|---|---|---|---|
| 一軍 | 第一電源，46%<br>零組件，17%<br>第二電源，14% | 網路通訊，11% | 達創<br>（2008 年 135 億元）<br>旺能（3599）<br>（2006 年 55 億元） |
| 二軍 | 視訊，4% | 機電，6%<br>數位家庭，3% | 乾坤（2452）<br>（2008 年 19.3 億元）<br>奇達光電 |
| | 電力系統 | | 翰立 |

## 依營收來分

同樣是少將身分，有人管多人，有人帶少兵；同樣地，把事業群、獨立事業部、子公司依營收規模來分，照職棒一軍、二軍的用詞，至少可分為一軍、二軍。

台達集團 2008 年營收 1426 億元、盈餘 102.5 億元，不過，以艦隊來舉例，航空母艦台達占營收 50%、占盈餘 88%。簡單的說，還在富爸爸階段，子女份量都不夠看。

拿台達來跟子公司比，如同大人跟小孩相比，所以有必要把台達拆成六個事業群、三個獨立事業部來比較，再依年營收 50 億元為分水嶺，把事業群、事業部、子公司分成一軍、二軍。

**一軍：主力艦**

由表可見，有三個事業群、一個事業部、二家子公司屬於一軍。

**二軍：驅逐艦**

事業群中的視訊事業群只占營收 4%，而且應該是虧損的，比三個事業部都還小，在組織層級上有點虛有其表，電力系統事業群則屬「明日之星」階段。

乾坤（2452）雖然已有股票上市，但資本額 19.3 億元，2008年營收 20 億元，盈餘 7.37 億元，可說是小型上市公司。

翰立與其轉投資奇達光電，營收都不大。

## 依產業來分

再從產業分佈來看台達事業組合，就比較知道台達運作的虛實了，詳見表 1-3。

表 1-3　台達事業群與子公司主管點將錄

| 產業＼組織層級 | 第 1C：個人電腦 | 第 2C：通訊（含手機） | 第 3C：消費電子 | 第 4C：車用電子 | 替代能源 | 電子紙 |
|---|---|---|---|---|---|---|
| 一、母公司事業群（主管掛副總裁兼總經理，事業部主管掛處長職銜，獨立事業部） | 零組件：許榮源 第 1 電源：李忠傑 | 第 2 電源：張明惠　　　網路通訊 | 視訊：張訓海（兼任董事）　　數位家庭 | 機電和汽車事業部：張訓海 | 零組件事業群的太陽能系統部　　機電 | 跟日本普利司通技術合作，2009 年推出 |
| 二、子公司　1.持股比率　2.董事長　3.總經理 | 乾坤科技 35.94% 劉春條 史文景 | 達創科技 93.2% 梁克勇 鄭安 | 翰立光電 95.21% 奇達光電 46.13% | | 旺能光電 83.50% 梁榮昌 袁明來 | |

註：2006 年年報上有「達晶半導體」，股本 3.06 億元，台達持股 99.24%，泰國台達電子（泰達）：黃光明。

## 第 1C（個人電腦）

零組件（占營收 17%）跟第一電源事業群（占營收 46%）合計營收為 66%，乾坤科技創立於 1991 年，由台達跟日本 SUSUMU 工業株式會社合作，以研發、生產、銷售高精密、高密度零件、感測器及應用模組，「筆記型電腦用的被動元件」為其主力產品。因此，大體來說，**台達是個人電腦的零組件公司**。雖然這樣劃分有些不公平，因為第一電源事業群下的消費家電電源事業部主要生產音樂播放機、電視遊戲機，視訊電源事業部則是製造液晶電視，這二者都屬於消費電子產業。所以第一電源事業群約有一半營收要歸類到消費電子產業。

### 第 2C（通訊）

在通訊產業，台達第二電源事業群、網路通訊事業部，合計占台達營收 14%，達創可說是友訊的代工公司或上游公司（即網路元件）。

### 第 3C（消費電子）

台達的視訊事業群、數位家電事業部和一家子公司翰立、一家孫公司奇達，這二家都是生產液晶電視的無汞平面背光模組。當然翰立偏重直接接外面訂單。

### 第 4C（車用電子）

台達在車用電子的佈局在機電和汽車事業部中，營收並不大：2007 年 4.54 億元，2008 年 6.5 億元，2012 年目標破百億元。

### 其他（以太陽能為主）

台達集團在 4C 產業以外的佈局，主要在太陽能發電，由「中游」電池片的旺能光電，和「下游」（產品或系統）的台達零組件事業群太陽能系統事業部。這部分可能是台達集團營收成長主要動力。

## 以價值鏈為基礎的組織架構

每家公司的組織圖幾乎清一色地以族譜或樹狀圖方式呈現，只有上下關係，左右順序卻毫無章法，最後大概只剩下該公司董事長能把公司組織圖默寫出來。

在大一管理學中以一章的分量來討論組織設計，可見其重要性，不過不管是功能部門或事業部門的組織設計方式，背後的邏輯都是一樣的。企業必須實踐其「企業活動」，而這又可依照策略管理大師波特的價值鏈作為架構，如此一來，你會發現**每家公司的組織圖都是同一個模子，只是部門名稱、層級略有不同罷了！**

組織設計是與時俱進的，就跟人各階段照片一樣，在表 **1-4** 中，以 2009 年的時點為例。

## 利潤中心：事業群

台達採取利潤中心制，有四個事業群（business group, BG），由表 1-4 可見，重點還在佔營收 55% 的電源供應器（power supply），1988 年左右還因為占營收太大而拆成二個事業群，第 1 電源事業管理第 1C（個人電腦）的電源供應器、第 2 電源事業群負責第 2C（通訊，主要是電信公司機房）的電源供應器。

事業群主管掛副總裁職銜。

### 事業處

事業群下轄數個**事業處（business unit）**，各處主管稱為處長。

表 1-4　台達在 2009 年的組織架構——以價值鏈為架構

| 價值鏈活動 | 下轄單位 |
|---|---|
| 一、總部活動 | |
| 董事長 | 鄭崇華 |
| 副董事長兼執行長 | 海英俊 |
| 總經理 | 柯子興 |
| 公共事務部 | 企業訊息處長：周志宏 |
| 二、核心活動 | |
| ㈠研發 | |
| ⑴企業研發中心 | 技術長：梁榮昌 |
| | （2005 年設立此職位） |
| ⑵法務室 | 法務長：盧遠珊 |
| ㈡採購 | 採購副總 |
| ㈢自動化工程部 | 有些機構件自行生產，1996 年成立 |
| ㈣製造處 | |
| 1.桃園廠（一、二廠） | |
| 2.中壢廠 | |
| 3.南科廠 | |
| ㈤全部品管部 | 品質工程 |
| ㈥行銷 | 品質保證 |
| 三、支援活動 | |
| ㈠資訊管理 | 資訊處長：朱漢安 |
| ㈡人資管理 | 人資長：倪匯鍾 |
| ㈢財務管理：財務部、服務室、會計室 | 資深副總裁兼財務長：朱知遠 |
| ㈣稽核 | 投資人服務部資深處長：范植祿 |

獨立事業部

⑴機電事業部（EMBU, eltro-mechancial business unit），包括交流馬達驅動器（AMD）、可編程控制器（PLC）、開放式可編程控制器（Open PLC）、交流伺服系統和伺服電機、數位控制系統（CNC）、人機界面（HMI）、編碼器

　　和溫控器等。

⑵數位家庭。

⑶車用電子，2006 年 2 月成立，後來因為核心技術相近。
　2007 年 11 月，被併入數位家庭事業部；2009 年又跟機電
　事業部合併成為「機電和汽車事業部」。

# 支援單位

　　台達支援活動的部門，除了人資長、財務長還偶一見報之外，其主管很少曝光。

### 人資長

　　人資長倪匯鍾曾任職於台灣飛利浦 15 年。2004 年，在海英俊力邀下，擔任台達的人資長。為了因應集團走向國際化，倪匯鍾上任後，逐步地重組、建檔績效考核制度，並把以往「主管自由心證」的考核形諸於可量化的標準。

### 財務長

　　財務長朱知遠是老幹部，掛副總裁頭銜。

### 技術長

　　技術長梁榮昌擁有美國紐約理工大學博士學位，專精材料科學，曾任職美國拍立得公司，也是美國 SiPix 集團的共同創辦人與技術長，跟全球公司頗有淵源，因此能協助台達找到合適的合作伙伴。

# 參、鄭崇華致富的十堂課Ⅰ：以《富爸爸窮爸爸》十原則為架構

鄭崇華以大學學歷、白手起家，能成為台灣巨富，背後有許多因素的配合，才能成就他的地位；在鴻海集團董事長郭台銘、台塑集團創辦人王永慶身上也是一樣。

在本書之參、肆中，我們套用《富爸爸窮爸爸》一書，把十大原則依管理三大活動重新排序，逐一說明鄭崇華如何照表操

表1-5　鄭崇華成功的十大因素：以《富爸爸窮爸爸》一書為基礎

| 《富爸爸窮爸爸》十個致富必備觀念 | 策略管理的觀念 | 台達和鄭崇華的情況及本書相關章節 |
|---|---|---|
| 1.欲望及野心 | 一、規劃<br>策略雄心（公司或董事長目標、遠景） | 第1章之參 |
| 2.學習<br>3.勤於動腦<br>4.看見未來的趨勢 | SWOT中的商機（opportunity） | 第2章 |
| 5.遠離負面的人與事 | 公司策略<br>　1.成長方向：多角化程度<br>　2.成長速度<br>　3.成長方式 | |
| 6.勇於冒險 | 二、執行 | 第1章之肆 |
| 7.努力<br>8.誠信 | | |
| 9.面對挫折的能力 | 三、控制<br>逆境商數（adversity quotient, AQ）高： | |
| 10.耐心、堅持下去的紀律 | 即自我管理做得好 | |

課,才能像日本影集「搶救貧窮大作戰」中,由窮兒子變成富爸爸。以 2007 年來說,鄭崇華名列美國財經雜誌《富比世》(*Forbes*)首度公布台灣四十大富豪排行榜,以 7 億美元的身價,位居第 38 名。[7]

由於內容太長,因此細分成二節,本章之參說明原則 1～5,本章之肆介紹原則 6～10。

# 原則一:欲望及野心(策略雄心)

像《富爸爸窮爸爸》這類書都強調,如果想成為有錢人,第一步就是要有想賺大錢的強烈動機。台灣巨富之一台塑集團創辦人王永慶,生長在台北縣新店市直潭,小學畢業後,在艱苦的種茶生活中,立下出外闖天下的志願。15 歲赴嘉義市的米店當小工,離家沒有感傷,只有滿心歡喜。王永慶多次表示,離開直潭的信念,深深支配他一生的處事態度。

同樣的故事也可能出現在鄭崇華身上,不過,鄭崇華創業的動機竟然是「看不慣外商賺台灣公司那麼多錢」。

### 迫於生活,無法深造

「如果不是中共,他現在應該會是大學校長般的人物。」台達副董事長暨執行長海英俊如此形容著董事長鄭崇華。

「很多人都說我不像生意人,因為我從來就不是太積極於賺錢的人。」鄭崇華看自己,確實也覺得少了些商人的味道。年輕時的他喜歡物理,總是好奇宇宙如何形成、未來又會如何。因為

生活壓力，他只好捨棄研究而走入企業，又因為外在環境機緣巧合，客戶有需要，造就他走上創業一途。[8]

# 原則二：學習

鄭崇華熱愛科學新知，他跟許多學者、大學校長都是至交，更經常以私人財產捐助大學。

### 學習的原動力：好奇心

除了應用科學之外，鄭崇華對自然科學也倍感興趣。台達投資人服務部資深處長范植祿，就經常跟幾個同事陪著鄭崇華一起登山，大夥兒到鄰近玉山的中央大學鹿林天文台去看星星，一看就是一個晚上。

「現代的科技更能看清宇宙中的各項東西，大到銀河，小到原子、分子，這些都是相當有趣的東西！」鄭崇華說。他還向中央大學校長劉全生表示，希望退休後能到中央大學的天文所修課，繼續看星星的興趣。[9]

### 吾少也鄙事，故多藝

創立台達之前，鄭崇華曾先後擔任亞洲航空的儀器工程師、美商精密電子的品管經理，各有 5 年的經歷。他在工作中培養出對於技術、品管的深厚基礎，也是台達日後贏得客戶青睞的關鍵。

### 亞航的紮根訓練

工廠在台南的亞航，指名要找成功大學電機系應屆畢業生時，鄭崇華很幸運地被找去當維修工程師，那時候亞航維修的飛機都是全新噴射機，他有機會去拆解、維修零件。通常，航空業在技術上是最頂尖的行業，有很多導航的電腦、通訊設備、電子設備等都需要耐心地去學習。有一段時間，公司要他去管理訓練部門，訓練維修技工，他總是秉持著「窮理致知」的精神，每次搜集資料後一定立刻實驗，畢竟飛機上面的東西，最重視可靠度，他對產品的品質管理觀念就是從那裡來的。

航空的觀念是絕對不能有閃失，假如維修做不好，飛機會掉下來，所以，品質管理是非常嚴格的。當時亞航裡面有一部分是民航機，後來連美國戰鬥機也在該地維修。公司裡面有很多規定，無非就是讓員工把東西做得更可靠，這種一絲不苟的習慣就是那時候學到的。所以，他在亞航待了 5 年，這也是他技術紮根最多的地方。

有的時候週末飛機要維修，降落在台北，傍晚飛到台南，當天晚上或第二天就必須把所有問題處理完，第二天飛機就要載客，維修絕對不能延遲，所以他都是早出晚歸，半夜才回家。後來，主管要他負責整個維修管理，那可不是開玩笑的，要是維修延遲的話，就會被開除，責任很重，壓力也很大。一般來說，在學習過程中，一旦日子好過，常常學不到什麼東西；但日子很難過的話，就要想辦法去克服，不僅可以學習到很多東西，也能增

強自己的管理能力的一大步。

### 美商精密電子公司的經驗很管用

後來，美商精密電子公司到台灣設廠，鄭崇華前去應徵，面試主管覺得他的技術、經驗很多，觀念很正確，所以雇用他做產品經理，後來又陸續調到工程部、品管部，甚至有好幾個廠的品管都由他負責。直到他自己創業以後，這些的實際經驗都很管用，管理起來更是駕輕就熟。

### 對學習的看法

鄭崇華覺得虛心學習最重要，有人說你做得好，你就驕傲，那你就完蛋了。要知道即使比你差的公司，也有比你好的地方，值得你去學習。

他認為員工訓練要跟世界級企業接軌，多了解客戶的需求、多去外面看看、多去學習，學得越多，你會發覺該學的東西也越多。下面針對本段主張，舉例說明。

### 跟世界級公司接軌——標竿學習

如果有一家公司在某一方面做得很好，而你卻是個門外漢，你也許會去複製它。同理可知，台達跟戴爾（Dell）、惠普（HP）等國際級客戶來往，發現他們的管理很棒，也會跟他們學習，學人家的優點，丟掉人家的缺點。凡事要有學習，競爭才會進來，沒有競爭是不會進步的。

以供應鏈管理為例來說明，這可分為下列三階段，標竿學習

對象也不同。

1. 導入期（1989～1994 年）、成長期（1995～1998 年）
   此二階段，主要標竿是全球電源供應器大公司 Astec。
2. 成熟期（1999 年以後）

此時，台達已經很清楚自身供應鏈要發展的方向與架構，因此分別向不同產業的標竿公司取經，例如台灣通用（GIT）、聯強（2347）、戴爾等就成為當時的主要目標。一方面從標竿公司獲得他們的發展經驗以為借鏡，另一方面訂定目標以追上標竿公司的供應鏈管理績效，最後再融合客戶組合的轉變，如此一來，台達就有了自己的供應鏈管理模式。

### 多去外面看看，掌握世界潮流

2005 年 10 月 29 日，由經濟部工業局、工研院、時代基金會（鄭崇華擔任董事長）共同邀請美國**麻州理工大學（MIT，一般錯譯為麻省理工學院）**與研華文教基金會合辦的「國際青年創業領袖計畫（Young Entrepreneurs of the Future, YEF）」，舉行第三屆成果發表會，鄭崇華和研華董事長劉克振應邀致詞時表示，在他求學時代，大學生畢業留學風氣很盛，現在的學生卻並不熱中於留學。其實人生的學習不應只在學校，大學畢業生更應該出國看一看，跟別人比較之後，才能有許多收穫；要是一直處在一樣的環境，自己好不好、對不對，都沒有參考依歸。

鄭崇華年輕時沒有出國留學，但常藉由在國外出差的機會，

跟不同的人互動，交換意見，因此才能掌握市場脈動，讓台達一路成長。[10]

### 多方學習——產業群聚效果的發揮

台灣產業群聚提供了一種很不錯的合作模式，全球知名企業大都是台達的合作夥伴，給台達很多學習的機會。

有些客戶非常重視保密，尤其是即將要上市的產品更需要保密，除非產品賣出去就沒有保密的問題。當然，製造也有某種程度保密的問題；譬如說它有什麼特別的方法，客戶並不一定會據實以告，深怕對手也會學到。可是台達是他們的合作夥伴，是零組件的主要供應公司，客戶就一定要幫忙台達，讓台達了解他們需要的是什麼。對一般大眾保密的事情，在某種限度內有必要讓台達知道，這樣台達才能提供更好的服務，至於台達在跟客戶來往時，也要幫客戶保密，不能看完了去跟別人說。[11]

### 知識分享

鄭崇華經常出國拜訪客戶、參觀工廠，每當看到很棒的東西時，他就會主動跟員工分享，不過他很少用文字把它們記錄下來，因為他認為自己所寫的東西，人家也未必能完全體會。如果他覺得這個東西有必要學習的話，就會要求員工親自去接觸，因為有實際東西可看最實在，也有利於跟客戶作溝通，這樣的經驗很值得傳承。

# 原則三：勤於動腦

台達集團之所以有今天的規模，絕非偶然，鄭崇華的腦筋永遠不停地在動，他認為「**到處都有黃金，只要多動腦筋找！**」[12]

除了走路運動外，鄭崇華的腦袋也隨時都在運動！「他的腦袋隨時都在想著新科技、新技術！」海英俊說。范植祿也說，董事長以前自己開車時，偶爾會在高速公路上的收費站被攔下來，原因是他的腦袋總是不斷地在想新技術，想著想著就開過頭了，忘了減速繳費。[13]

# 原則四：看見未來的趨勢

企業家創業成功，大抵是「時勢造英雄」，套用企管中最普遍使用的分析方法「SWOT 分析」，便是慧眼獨具地比別人先看到「商機」（opportunity, O），第一時機投入，利潤是產品成熟期、完全競爭時正常利潤的數十倍。

### 鄭崇華屬於開創型董事長

2005 年 8 月，美國哈佛大學商業學院的教授安東尼·梅約與聶亭·諾里亞《在他們的時代：二十世紀的偉大企業董事長》（註：原文為領袖，美國喜用領袖、領導人一詞來指公司董事長、總裁）。他們擬定了一份名單，包含了一千位在 20 世紀叱吒風雲的美國企業家，例如洛克斐勒、迪士尼等人。再由 7000 名企業主管從中票選出一百位頂尖企業董事長，詳見表 1-6。

表 1-6　20 世紀美國偉大董事長　TOP 25

| | | | |
|---|---|---|---|
| 1 | 山繆・華碩（沃爾瑪） | 14 | 湯瑪斯・華生二世（IBM） |
| 2 | 華德・迪士尼（迪士尼） | 15 | 亨利・魯斯（時代生活集團） |
| 3 | 比爾・蓋茲（微軟） | 16 | 威爾・凱樂格（家樂氏） |
| 4 | 亨利・福特（福特汽車） | 17 | 華倫・巴菲特（柏克夏海瑟威） |
| 5 | 約翰・摩根（摩根大通銀行） | 18 | 哈藍・桑德斯（肯德基） |
| 6 | 亞佛列・史隆（通用汽車） | 19 | 威廉・普羅特（寶僑） |
| 7 | 傑克・威爾許（通用電器，GE） | 20 | 湯瑪斯・華生（IBM） |
| 8 | 雷蒙・克洛克（麥當勞） | 21 | 亞沙・坎德勒（可口可樂） |
| 9 | 威廉・惠利（惠普）（HP 中的 H） | 22 | 雅詩・蘭黛（雅詩蘭黛） |
| 10 | 大衛・派克（惠普）（HP 中的 P） | 23 | 亨利・海因茲（亨氏食品） |
| 11 | 安德魯・葛洛夫（英特爾） | 24 | 丹尼爾・葛伯（嘉寶） |
| 12 | 米爾頓・赫喜（好時巧克力） | 25 | 詹姆士・卡萊特（卡夫食品） |
| 13 | 約翰・洛克斐勒（標準石油） | | |

資料來源：《在他們的時代：二十世紀的偉大企業領袖》。

作者們把這一百位董事長分為三種類型，分別是開創型、經營型、改革型無論是哪一種，都必須具備高瞻遠矚的洞察力和劍及履及的執行力。

其中，開創型董事長慧眼獨具，走在時代尖端，他們往往是白手起家，以前所未見的產品或商業模式取得成功。

鄭崇華小本創業，在第一時間於全球推出電源供應器，2007～2009 年的全球不景氣，台達秉持「不裁員、不減薪、不減研發費用」的三不政策，透過進軍綠能產業來創造收入，跟經營

型董事長有天淵之別。

　而經營型董事長則是精打細算，擅長開源節流。他們通常是公司中的老幹部，獲派經營重任後，以穩健踏實的作風，帶領企業成長茁壯。

　改革型董事長多半是臨危受命，交到他們手上的公司可能已經百病叢生，而這些董事長就必須發揮危機處理的長才救亡圖存。

　作者們認為，歷史上成功的董事長，無論是哪一種類型，都具有一項重要的特質：他們能夠洞察到形塑時代的力量，並掌握由此而來的商機。那是一種對社會、政治、科技、經濟人口等各種趨勢的敏銳感。因此他們經營的企業總是能適應市場變化，甚至引領風氣之先。所以可以說，時代造就了這些偉大董事長；同時也可以說，這些董事長創造了新時代。

　作者之一的諾里亞表示，「當我們討論公司董事長人格特質時，歷史脈絡通常只被當成時空背景。但我們發現，這些脈絡的重要性遠超過我們想像。」

　諾里亞說：「偉大的公司董事長能夠受到歷史的啟發，帶領企業獲利，這不只因為歷史常常重演。**歷史的真正價值在於啟發人們去想像什麼是可能的。**」無論哪一型，只要能有效掌握時代的脈動，就是成功的董事長。[14]

### 賞識力、洞察力

美國企管專家塞欽可瑞和梅茲可在《從種子看見大樹——用

賞識力預見成功》（天下雜誌社出版，2006 年 11 月）一書中，以可口可樂為例，認為 1865 年時創辦人亞沙・坎德勒具有**賞識力（appreciative intelligence）**，也就是看得見別人看不見的未來性，而這也是成功人士都擁有的能力。

包熙迪（Larry Bossidy）和夏藍（Ram Charan）合著《應變——用對策略做對事》（《天下文化》出版，2004 年 11 月），強調經營者、管理者可以透過下列步驟，提高洞察趨勢的能力，進而才能及早擬定正確策略。我們依書中的架構來分析台達集團是如何「平地起高樓」的。

---

## 培養敏感度的六大步驟

經營者應該經常自問以下六個問題。

1. 這個世界現在發生了什麼事？
2. 這些事對其他人有何意義？
3. 這些事對我們來說有何意義？
4. 如果想看到我們希望的結果出現，哪些事必須先發生？
5. 要讓那些事發生，我們必須扮演何種角色？
6. 下一步我們該做什麼？

---

### 這些事對我們有何意義？——順勢而為賺最多

時勢造英雄，巨富往往是時代潮流的產物，以鳥瞰角度就容易綜覽大時代背景。由表 1-7 可見，1945 年台灣光復以來，台灣（甚至全球）發財機會可分為三階段。

### 第一階段：戰後重建財

第一時期正值戰後重建、嬰兒潮，鄭崇華當時還是小孩、求學、工作，錯過了第一階段發財機會。

### 第二階段：賺股票、房地產橫財

台達集團專注本業，因此跟房地產、股市的橫財方面「無緣」。

表 1-7　台灣三大發財潮中台達集團碰到一次

| 期間 | 1945～1965 年（20 年） | 1966～1990 年（23 年） | 1991～今年（20 年） |
|---|---|---|---|
| 一、主要發財機會 | 戰後重建財嬰兒潮 | 九成靠房地產，一成靠股票 | 電子 |
| 二、代表性巨富 | 台塑集團王永慶、王永在兩位創辦人，奇美集團創辦人許文龍 | 國泰金控董事長蔡宏圖家族 | 鴻海集團董事長郭台銘、鄭崇華* |
| 三、《富比世》台灣富豪排行榜（2008 年） | 第二名，身價 68 億美元 | 第一名，身價 85 億美元 | 第三名，身價 60 億美元 |
| 四、台達集團的作法 | | | 1971 年創業，先靠家電的零件賺進第一桶金。1983 年，轉行進軍個人電腦業，享受「先進者優勢」。 |

*2008 年鄭崇華名列《富比世》雜誌第 38 名富豪，2009 年掉落 40 名以外。

### 第三階段：電子新貴

鄭崇華創辦台達近四十年，常提醒自己和幹部要隨時掌握商機：首先是掌握時代方向、判斷趨勢，其次是及時開發市場所需要的產品和服務。

#### 從傳統家電到電子業

台達搭上 1980 年代個人電腦快速成長的列車，逐漸在全球電源供應器領域嶄露頭角。

鴻海集團董事長郭台銘比鄭崇華晚三年創業，不過倒是早二年（於 1981 年）嗅到個人電腦的商機，從黑白電視的旋鈕，跨入電腦的零件連接器和線纜。

#### 看準趨勢，研發新技術

海英俊表示，外界可能會認為台達真好運，押對了寶。但其實投資或發展新事業與技術，背後都有一套完整的邏輯思維，不是隨便亂投資。而這套中心思想就來自鄭崇華的遠見，他在科技產業多年的經歷和對技術的了解，讓他看見未來趨勢，硬是比別人多一分精確。

台達社會服務部企業訊息處處長周志宏表示，外界似乎認為台達集團 2005 年以來的表現是無心插柳柳成蔭。「其實，董事長就像一位園丁，一直在種樹、栽樹。」台達藉著研發，培養許多技術幼苗，等有一天，幼苗發芽、技術成熟、市場需求到了，也就開花結果。[15]

# 原則五：遠離負面的人與事

我把「遠離負面的人與事」擺在第 5 項，比較偏向規劃活動中的「決策」，主因在於決策心理學中，跟正面的人在一起，比較會「沾點喜氣」，心態樂觀的話，自然不會把送上門的機會拒於門外。

在這方面，我只能用下列執行面的事情來說明。鄭崇華最為人津津樂道的是其正派經營事業的風格，他要求同仁絕對不能到聲色場所談生意，同時嚴禁收受賄賂。

### 禁止員工去聲色場所

有些公司為爭取訂單，偶有拿回扣、涉足聲色場所等問題出現，這些都是鄭崇華絕對禁止的。台達對員工的要求，不僅重視同仁過去的經驗，更重視品德，鄭崇華甚至以身作則，每當有客戶來台達洽商時，他都請他們去很正當的場所吃飯。

創業初期，很多朋友問他太太，先生做生意，應酬想必很多，一定很晚回家，鄭太太總是回答說：「他是很晚回家，但都待在工廠裡面。」也因為如此，員工就在外面盛傳「太太們都喜歡先生到台達來上班，比較不會學壞。」假如是那種會上聲色場所的客戶，就絕對不是台達想要合作的對象，寧可拿不到訂單，也不願違背公司的原則。

整個業界都知道台達禁止員工涉足聲色場所，客戶也知道；像台達去大陸投資也遭遇同樣的問題，有些員工反應說：「拿不

到訂單，老闆你不能怪我。」但鄭崇華回答說：「寧可拿不到訂單，也不可以做這件事情。」

實際上，台達並不會沒有訂單，這個社會還是有很正派的經營者，反而因為欣賞台達正直、崇高的精神而把訂單交給你。[16]

# 肆、鄭崇華致富的十堂課 II：執行與控制

前六個原則，偏重管理活動的規劃，第 6、7 個原則偏重「執行」，由於對稱起見，我把原則九、十放在「控制」活動。本節依原則順序，從原則六開始，說明鄭崇華經營成功的個人因素。

## 原則六：勇於冒險

「富貴險中求」這句俚語貼切地表達創業家精神的精髓，創業精神至少包括三項「創意（詳見原則四）、勇於冒險、屢敗屢戰（詳見原則九）」。

在創業、轉型時，**「勇於冒險」**指的是**「走別人沒走過的路」**，以產品壽命周期來說，便是在種子階段、最遲導入階段才介入。以美國波士頓顧問公司（BCG）所提出的 BCG 模型來說，便是投入「問題兒童」階段的技術、產品。一旦賭錯邊（像日本東芝賭 HD-DVD，2008 年日本新力倡導的藍光 DVD 出線，六年之爭勝負已出），損失不貲。一般人都打安全牌，到了成長期才介入，此時便會出現一窩蜂現象。

### 勇者致富

美國麻州理工大學管理學院教授萊斯特‧梭羅，在 2003 年 10 月出版的書《*Fortune Farors the Bold*》中主張：三次工業革命的發生，都要歸功於人類社會的大膽一搏。第一次工業革命，是因為有一群像瓦特那樣的人，大膽嘗試了全新技術。第二次工業革命，是因為人類社會大膽推動教育普及化。眼前正在展開的第三次工業革命，能不能成功，則要看人類社會願不願採取行動，大膽重塑全球化。

勇於冒險（risk taking）跟大膽一搏（bold）是兩種不同的心態，冒險的時候，就像下賭注一樣，你曉得自己的風險是什麼、曉得自己的成功機率也許有二成。但當你大膽一搏的時候，其實你並不知道會碰上什麼危險，也可以說，它有高度的不確定性。

勇敢的人把全球化視為機會，膽怯的人才會把全球化看作威脅。採取行動、大膽一搏的人，有時成功，有時失敗，但是什麼都不做的人，注定必敗。[17]

### 路是鄭崇華走出來的

寧願走一條孤獨而艱困的路，也不要一窩蜂地做相同的事，這是鄭崇華切入事業的準則。

台達走過近 40 個年頭，電子業各種商機也不斷地出現在鄭崇華眼前。舉凡筆記型電腦、手機代工，到後來台灣風起雲湧投入面板業，鄭崇華表示，每次評估之後拒絕這些機會，心情總是相當複雜沉重。台達曾經替日本公司做**電腦螢幕**（一般俗稱**監視**

器）代工，但是當太多代工公司投入拉低利潤，台達就毅然選擇
退出。

「我不喜歡一窩蜂，讓同業、員工都痛苦，」在鄭崇華的信
念裡，已經有許多人投入的領域，他如果再跳進來做，就沒有太
大好處，只會破壞供需；增加對手痛苦而已。[18]

以綠能產業，甚至是環保設計產品來說，鄭崇華表示，從一
個新概念著手，一開始可能會做錯，或某些部分未考量周全，這
都沒有關係，重要的是，從錯誤中汲取經驗，讓未來做得更好。
例如，太陽能產品以往被認為原料太貴、效能太低，並不是理想
產品，儘管如此，它仍是值得發展的替代能源，經過持續改良，
效率就開始提升。如果當初認為效率低就不去繼續研究發展，太
陽能產品不會有現在的改善。

### 2006 年，投資人看好台達

21 世紀初，在電子業保五、保六的低**毛益率（一般稱為毛利
率）**時代，台達的毛益率竟高達 18% 以上。

他們從線圈、EMI 濾波器、電源供應器，一直到 2006～2007
年嚴重缺貨的冷陰極管、市場上熱力四射的太陽能電池，都掌握
到高度商機的產品。

外界羨慕台達集團很會抓緊熱門產品，但這一切並不是僥倖
得來，他們絕大多數都是在導入期的時候就佈局，多年之後才得
以收割。[19]

### 鄭崇華率先挺馬

鄭崇華特別感恩前總統蔣經國時代讓經濟起飛，也推崇科技之父李國鼎和掌舵風雨世代的孫運璿。2007 年政局的動盪，更讓他感慨國家領導人一代不如一代，以致過去很少論談政治的鄭崇華，在 2008 年 3 月 22 日總統大選前不再沉默。他不但在 2007 年 12 月率先表態，還大聲疾呼國人出來投票，才能讓政治人物看到真正的民心。

除了在 2008 年 2 月底的科技聯誼會上表態挺馬，在 3 月中旬，大選關鍵倒數時刻，鄭崇華接受媒體記者專訪批評扁政府，他還呼籲大家不要再選專騙老百姓、不斷說別人壞話的總統候選人，希望選民能選出「肯做事」的好總統。[20]

## 原則七：努力

像郭台銘「每日工作 16 小時」的描述，在鄭崇華身上沒見到，不過，雖然號稱「退休」，但即使超過 70 歲了，每天還是到公司。

他倒是滿會誇獎其他企業家的勤勞，像 2005 年 12 月，鄭崇華接受《經濟日報》記者們專評時表示，台灣仍有很多優勢，像創業的第一代，例如施振榮（宏碁集團創辦人）、施崇棠（華碩集團董事長）、郭台銘（鴻海集團董事長）、林百里（廣達電腦董事長）等人，都非常打拚。[21]

## 原則八：誠信

「誠信」這個字包括「正直」、「守信」等意思，以人來說，是指「才德兼具」中的「德」。21 世紀，公司對員工實施「品德管理」。底下舉幾個實例來說明鄭崇華如何贏得同行和客戶的信任。

### 人無信不立

2008 年 8 月，《高速企業》（*Fast Company*）雜誌特別針對 1665 人進行調查，詢問當代重要的領導人中，誰最能把領導力發揮得淋漓盡致。由表 1-8 可見，結果第一名是通用電器（GE, General Eletronics，一般音譯為奇異）的威爾許，第二名是蘋果公司的賈伯斯。第三名是聯合國祕書長安南、第四名是美國前國務卿鮑威爾。第五名有三人平手，他們分別是印度國父甘地、美國總統老布希和微軟董事長比爾蓋茲。

在調查中，有 95% 的人認為**「誠信」（integrity）**是最重要的領袖特質。受訪者都相信「上樑不正下樑歪」，有了誠信的領袖，才會有誠信的組織，品牌形象才有保障，生意才會可長可久。

參與這次調查工作的行銷學教授席恩‧米漢指出，「『誠信』對很多受訪者很重要。他們都加重語氣，彷彿『誠信』是個一言難盡的重要議題。」

人們重視商業道德，是件可喜的事。但讓受訪者評斷時下各界主管的「誠信」程度，結果卻令人憂心。如果用〇到五分表示

從最不誠信到最誠信，受訪者認為，中小企業董事長的誠信分數平均 3.53，大企業董事長 2.81，政治首長 2.2，媒體主管的誠信指數敬陪末座，1.9。

受訪者也對時下各界主管的多項特質給分，結果顯示，大企業董事長的「國際觀」最佳，但「利他主義」表現不好。而媒體主管的「義無反顧精神」最佳，「利他主義」卻很差，詳見表1-8。[22]

**君子之爭，退避三舍**

1971 年，鄭崇華要從精密電子公司離職時，主管以升官來挽留他，但是他拒絕了。他跟主管說明自己要去創業，主管很感激

表 1-8　各界主管特質項目

| 主管類別 | 主管特質 | 得分 |
|---|---|---|
| 大企業董事長 | 國際觀 | 4.28 |
| | 利他主義 | 2.03 |
| 中小企業董事長 | 工作熱忱 | 4.46 |
| | 國際觀 | 2.62 |
| 政治首長 | 同理心 | 2.75 |
| | 認錯精神 | 1.45 |
| 媒體主管 | 義無反顧 | 3.82 |
| | 利他主義 | 1.63 |
| 自家公司主管 | 工作熱忱 | 4.06 |
| | 利他主義 | 3.01 |

資料來源：《高速企業》，2005 年 8 月。

地說，假如他不回絕，還可以做一段時間，但日後恐怕會給他帶來麻煩。鄭崇華也很誠實地告訴主管，他要做的生意會有一些跟精密電子公司是重疊的，但他跟主管保證，三年之內絕不會去跟精密電子公司客戶作接觸，或跟精密電子公司競爭，這個就是紳士對紳士的承諾，三年一滿，他才開始跟精密電子公司競爭。[23]

另外一種說法是「該主管承諾日後將提供必要的協助」，這點讓鄭崇華銘記在心，因此，在台達創立的前三年，雖然創業維艱，但鄭崇華就是不搶老東家的客戶，這也樹立了台達「正直交易」的企業文化。[24]

### 不替侵權者代工

鄭崇華做生意特別要求正直，因此台達便很用心地開發一個產品，要是客戶把它組裝成仿冒品，這是沒有辦法得到鄭崇華信任的，即使客戶的生意再大，鄭崇華還是不願承接這種訂單。

當時有一家公司，因為積欠貨款很嚴重，這跟鄭崇華認為做生意本來就是要付錢的基本理念不合，而且它還仿冒日本電視，連董事長的風評也不好，台達在此情形下，又怎能跟它做生意，鄭崇華常常把客戶董事長個人風格、公司形象跟做生意連結在一起，他就是不跟侵權公司做生意，這是他一貫的堅持。

像經營事業非常正直的大同公司，是台達創業時最大的客戶，雙方合作才一年，大同董事長林挺生就頒獎給台達「最佳協力廠商獎」，另外聲寶、新力的台灣廠、將軍牌也都是台達的客戶。[25]

### 以「誠信」為選才的標準

台灣的大學、研究生畢業生愈來愈多，但從 2002 年開始，幾乎所有企業，都在抱怨「人才不夠」。那麼，到底企業需要什麼樣的人才？

幾乎所有的標竿企業都把「誠信」列為第一優先。鄭崇華道出誠信的影響。「台達國際採購，一次都是幾千萬元，甚至上億元的金額，操守當然要好才行。」他說。當企業走向國際化，訂單與採購的金額規模加大，品格不好的員工，對企業是莫大損害。

「許多業務人員的習慣不好，拎著皮箱（回扣）來談事情。」人資長倪匯鍾說，「我們絕對不准。」

相對地，有誠信的員工是企業最大的資產。鄭崇華特別推崇一位負責採購的女性員工，「她三十年來如一日。」他很感激，因為，她替公司買東西，比自己還小心。

### 寬以待人

鄭崇華的個性更是近乎「聖人」，一是寬厚，二是正直，三是重視社會公義。有一次，本來可以向違約公司求償一千萬美元，但他說不必賠，留待以後還有合作機會。[27]

待人熱情、誠懇是鄭崇華贏得訂單和友誼的秘訣，在時間就是黃金的電子業中，鄭崇華對來台達參訪的友人或是客戶，一定專心接待，讓客戶沒有時間壓力，注重細節的程度，留下令人深刻的印象。

周志宏以「多了一些人情味」來形容鄭崇華，待人以誠的特質，讓鄭崇華很容易跟人維持長久的友好關係。因此在 2005 年太陽能電池極缺料下，供貨公司總優先供料給旺能。[28]

### 部屬心目中的形象

台達副董事長兼執行長海英俊表示，董事長談生意以正直出名。「不涉及聲色場所、不跟仿冒者往來、堅持環保！」是他的原則。

台達總經理柯子興說，「董事長的正直，讓外國人都很服氣，因為他認為，企業能夠長遠經營，比賺大錢更重要！」[29]

## 原則九：面對挫折的能力

鄭崇華面對挫折的態度，套用流行語形容：「AQ（情緒商數中的逆境商數）很高」。

### 你只能靠自己

鄭崇華是個福建鄉下長大的孩子，是家裡的長子。1948 年 9 月，適逢國共內戰，他剛升上初中二年級，由於人心惶惶，社會動盪，沒多久學校就停課了，為了不中斷學業，加上他三舅在福州頗有名氣的英華中學教書，所以母親要他跟隨三舅到福州繼續上學。等他到了福州，學校也停課，家鄉又遭共軍占領回不去，他只好跟舅舅待在福州。

由於戰亂的關係，在福州的生活也十分不安，後來三舅找到

了台中市台中一中的教職，鄭崇華就跟隨他到台灣來，到台中一中插班就讀初二。因為跟父母斷了消息，所以父母並不知道他到台灣。本以為一、兩年就可以回家，完全沒有料到從此跟父母闊別三十五載。

他到台灣之後不久，他三舅找到其他工作離開台中，留下他一人隻身在台中一中，後來只好靠著親戚接濟，一步步完成學業。當時的心情是念了初中，不知道高中能不能念；念了高中，也不知道有沒有機會上大學，只有拚命把書讀好。

在台灣，只有他一名住校生，看到其他住校生，有家的同學放了假可以回家，或者平常時候父母親來看，他心裡很羨慕他們有人照顧，覺得他們很幸福。

寒暑假時，一個人住在空無一人的宿舍，沒地方去，洗冷水澡，由於學校沒開伙，他連飯都沒得吃。有時候覺得自己很不幸，每到農曆年節，感觸特別深，同學都回家，他卻無家可歸。有時候生病了，悲觀地想，不知道哪一天會死掉，躺在床上，他突然覺悟：「你再怎麼自憐也沒有用，沒有人會管你。」所以，他決定以後都要靠自己的力量站起來。

鄭崇華覺得現在年輕人少有實踐自己夢想的動力及欲望，過去老一輩的生活很有憂患意識，常常有一種「不知道有沒有明天」的感覺。今天他回頭想想，如果當年他留在家鄉，他的父母親一定什麼都把他照顧得很周到，而他也沒有機會來台灣經過這些淬鍊，他的人生或許不過是從一個鄉下小孩，長大了，再變成

一個鄉下老頭而已。[30]

### 預防它、面對它

處理挫折的道理跟台達做產品一樣，在問題還沒有發生前，就要去了解可能面臨的問題，然後去防止它。

遇到問題要冷靜地去面對它、不逃避、不放棄，不要一開始就認為自己沒有能力。實際上，當你去接觸問題時，會發現事實並不是你想像的那麼嚴重，總是有機會的。碰到問題的時候不能拖延，要趕快去處理它，問題越拖越嚴重。

一旦碰到很艱難的問題，剎那間會有沮喪灰心的感覺，但我們還是要很沉著地把它處理好，事後就會覺得這是一件很 enjoy 的事。

### 苦難的價值在於突顯成功的高度

「如果天天過太平日子會很無聊，最值得回憶的日子就是最苦的日子。」因為雖然很苦，但還是沒有死掉。

鄭崇華經常告訴員工，假如景氣很好，訂單都接不完，你會去拒絕訂單，這個不合你做，那個也不合你做，你不會很 enjoy。可是你在大家生意都不好，景氣很差的時候，有辦法拿到訂單，讓公司業績很好，就會很高興。[31]

## 原則十：耐心、堅持下去的紀律

台達切入電源供應器之初，很多人並不看好，但是靠著毅力

與時間贏得歐、美、日客戶信任，現在已成為全球市占率超過 5
成的電源供應器公司。

日本佳能公司總裁御手洗富士夫和丹羽宇一郎在《經營者的
思考》（商周出版公司，2008 年 6 月）中強調，「人與人之間的
能力差距並不大，工作表現之所以會出現差距，原因是看能否累
積努力到最後，是否具有能持續努力下去的熱情與執著心。」

### 平常最愛「拈花惹草」

鄭崇華的樸實，不只落實在工作，日常生活也是如此，很多
企業董事長最愛的高爾夫球，鄭崇華根本不碰，他平時活動就是
喜歡外出走路運動，或是在家「拈花惹草」。

他每天的生活十分規律，早上到大安森林公園去澆花，所
以，當你經過大安森林公園，也許會看到一個圓潤、福相的老先
生穿著輕便的運動服，提著水桶，在公園內灑水澆花，不要懷
疑，他就是鄭崇華。如果假日到建國假日花市逛逛，或許也會碰
到鄭崇華在那裡買花，回家做做園藝。即使擁有百億元身價，上
下班座車卻還是一部老富豪車。隨後到公司投入他最愛的研發工
作，晚上回家後則是收看他最愛的「探索」（Discovery）頻道及
閱讀國內外書籍，俾能充實他對地球資源、生態環境的知識。

## 伍、鄭崇華實至名歸

「實至名歸」是低調鄭崇華的最佳寫照，本節以鄭崇華最近

的優良事績來說明社會對他的肯定。

　　鄭崇華清新的形象在企業家中獨樹一格，史欽泰（註：2009年 8 月，由清華大學科管院院長兼任資策會董事長）這樣形容：「要論台灣最有社會責任的企業家，鄭崇華絕對當之無愧。」[32]

## 中央大學名譽博士

　　2007 年 4 月 2 日，鄭崇華獲得中央大學名譽理學博士學位，表彰其追求科技發展的同時，大力推動環境永續。

　　中大校長李羅權（2008 年 5 月出任行政院國科會主委）表示，中大以地球科學起家，擁有全國唯一的地科學院，對於推動環境永續發展不遺餘力，這跟鄭崇華董事長推動的**「環保、節能、愛地球」**理念一致。其默默耕耘的企業精神，跟中大「誠樸」的校訓吻合。不僅是台灣企業界的楷模，更是中大師生的典範。

　　當天頒授典禮爆滿，出席的貴賓包括環保署長張國龍、中研院副院長劉兆漢、清大科技管理學院史欽泰院長、李國鼎之子李永昌、孫運璿之子孫一鶴等人。[33]

　　鄭崇華說，接受這個學位讓他非常高興的原因之一，就是中央大學是以地球科學所的名義頒發學位給他，這跟他這麼多年推廣環保的努力最有關聯。[34]

## 成功大學名譽博士

2007 年 11 月 7 日，成功大學為表彰鄭崇華對於世界電子產業的成就，由校長賴明詔頒授名譽工學博士學位證書。

歷年來，成大授予名譽博士學位得獎人，分別有中央研究院院士兼院長吳大猷、中央研究院院士兼院長李遠哲、總統府孫運璿資政、總統府李國鼎資政、總統府國策顧問吳修齊董事長、台灣文學作家葉石濤、中央研究院院士顧毓琇和馮元楨、統一集團董事長高清愿、台灣積體電路公司董事長張忠謀和鄭崇華等人，合計 11 位。[35]

賴明詔校長表示，鄭崇華代表的是一種「鄭崇華精神」，這至少包括下列二個特質。

### 勤奮努力

鄭崇華剛進成功大學時，並不是很出色的學生，但他在成大遇到了好老師，帶領他進入人生康莊大道，加上他自己的勤奮努力，終於創設了世界級企業。

### 企業家對人類和社會的關懷

賴明詔推崇鄭崇華致力闡揚企業社會責任，開發高能源效率的創新產品，秉持一貫的綠色環保的理念，為人類提供優質的生活品質，堪稱企業典範。

他所成立的台達是**「環保、節能、愛地球」**典範，在南科的廠房是鑽石級綠建築，鄭崇華連續得到遠見雜誌社的「企業社會

責任獎」、《天下雜誌》「企業公民獎」及「企業家最佩服的企業家」，這些特質恐怕比他在企業的成就更為可貴。

鄭崇華說，在成大求學時，幾乎都住在學校宿舍，可說是以校為家，能有今天的成就，皆歸功於有許多優秀老師的辛勤教導。他認為，企業精神首重謹慎的態度，幾百萬次都不能有一次差錯，要有長遠計畫、並勇於改革應變、不斷開發市場需求，才能保有長期的競爭優勢。

鄭崇華強調，環保問題也是不能忽略的關鍵點，企業要研發新產品解決環保問題，甚至創造一個全新的環保市場。他以成大校訓**「窮理致知」**的精神去開發產品，也勉勵所有青年學子，以窮理致知的精神獲取更多新知。[36]

## 2007 年，台灣企業獎

由《中國時報》跟美商 DHL 合作的台灣企業獎，2007 年邁入第五屆，報名企業由 2006 年的 138 家增加到 146 家，由許士軍率領的評審小組一一到各公司進行查訪，並且跟董事長進行訪談，最後個人獎項由鄭崇華獲得傑出企業家獎項，非營利企業部分也由家扶中心和勵馨基金會等團體獲獎。

由於鄭崇華出國，改由台達企業開發部總經理蔡榮騰代為領獎，蔡榮騰領獎時特別強調，鄭崇華個人相當重視這個獎項，也希望未來可以不斷學習，並且喚起更多人可以一同關心環保議題。[37]

## 經濟部工業精銳獎

　　經濟部工業局為了鼓勵工業界重視產業升級跟企業**永續（註：「永續」指的是綠色、環保的地球永續）**發展，進而提昇國家整體競爭優勢，於 1999 年設立「工業精銳獎」。2002 年起，增設「卓越成就獎」的個人獎項，每年遴選一位在企業永續經營最有卓越貢獻者，頒予獎座和獎狀，遴選小組有委員 7～9 人，由一人擔任召集人，分為遴選及決審二階段進行，經遴選出的個人進入決審，通過決審的候選人則當選為該屆「卓越成就獎」的唯一得主，該獎項更象徵企業經營者的最高榮譽，是每年精銳獎頒獎最受矚目的獎項。

　　歷年來能獲得「卓越成就獎」的企業家皆為各產業的龍頭，詳見表 1-9。

表 1-9　2002～2008 年工業卓越成就獎得主

| 年 | 2002 | 2003 | 2004 | 2005 | 2006 | 2007 | 2008 |
|---|---|---|---|---|---|---|---|
| 公司 | 統一集團 | 裕隆集團 | 宏碁集團 | 台積電 | 金仁寶集團 | 台達 | 巨大 |
| 職位 | 總裁 | 總裁 | 創辦人 | 董事長 | 董事長 | 董事長 | 董事長 |
| 人 | 高清愿 | 吳舜文 | 施振榮 | 張忠謀 | 許勝雄 | **鄭崇華** | 劉金標 |
| 得獎原因 | 以童工出身、白手起家 | 台灣最有影響力的女企業家 | 台灣品牌的頭號傳教者 | 台灣半導體之父 | 3C 產業的經營鉅子 | 台灣第一位企業環保長 |  |

資料來源：整理自經濟部工業局，2009 年 5 月 29 日。

2007 年 11 月 26 日，鄭崇華得到工業精銳獎中的「卓越成就獎」，由行政院長頒獎。

遴選小組對鄭崇華的讚詞如下，「鄭崇華以持續宣揚環境及自然資源的保護、從事創新產品與節能技術而勝出，是台灣第一位企業環保長，尤其整合集團內資源、落實綠化環境政策、研發能力，是其他企業的借鏡。鄭崇華已把台達打造為環保、新能源的代名詞。」[38]

鄭崇華發表專題演講時表示，企業獲利、成長很重要，永續發展更重要，在面臨全球暖化和水污染的 21 世紀，能找出解決方案的企業才能脫穎而出。

他提到台灣應成為大陸和全世界的橋樑，以提高國家競爭優勢。[39]

# 2008 年，潘文淵獎

2008 年 12 月 30 日，獎勵科技界人士最大獎項（獎金 500 萬元）的「潘文淵獎」舉行頒獎典禮，第三屆（第一屆得主中研院院士林耕華、第二屆台積電董事長張忠謀，每二年舉辦一次）的「潘文淵獎」由鄭崇華獲得，表彰鄭崇華把「環保、節能、愛地球」的使命帶入企業經營，以嚴謹與創新思維，共創科技與環保雙贏的成就。台達率先跟國內外合作，投入前瞻節能技術與清潔能源的開發，並推動能源教育，廣設科技講座及獎學金，推動產學合作及人才培育，為這片土地散播科技的希望種苗。[40]

## 第2章

# 台達愛地球的積極作為

新的綠色科技需要傻瓜來堅持推動，那我寧可做傻瓜。

希望大家都用能源概念的角度來考量事情，例如節約能源，畢竟是這一代應該做的事情。

鄭崇華

《遠見雜誌》，2005 年 6 月 1 日，第 155 頁。

# 最「綠」的股票

台達集團因為陸續投入綠色產業而開花結果。2006 年起，隨著油價狂飆，台達成為台灣集團類股中，最「綠」的股票，可說是節能概念股中的代表。外資持股比率大增，股價當然因外資加持，升破百元，公司市值水漲船高。當然，這也不是股價大漲的全部原因，台達因為液晶電視冷陰極管及驅動器大賣，成為營收大幅成長的動力。

限於篇幅，我只能聚焦於台達在綠色產業的佈局，而由表 2-1 來看全貌。此外，台達也開發小型風力發電機，但是發電量不大，限於資料，本書不討論。

表 2-1　台達在綠色商品的事業組合

| 成長曲線<br>目的 | 第 2 條<br>1983～1989 年 | 第 3 條<br>1990～2003 年 | 第 4 條<br>2004 年迄今 | | | |
|---|---|---|---|---|---|---|
| 一、替代能源 | | | | | | |
| 1.產品 | | | 太陽能電池片旺能光電 | 太陽能系統第二電源事業群 | 燃料電池 | 鋰電池 |
| 2.事業群 | | | | | | 有量科技公司 |
| 3.時間 | | | 2004 年起 | 2006 年起 | 2003 年起 | 2008 年 4 月 |
| 二、節能減碳 | | | | | | |
| 1.產品 | 電源供應器 | | LED 燈泡 | 2009 年 6 月投資筆電電池公司順達8.6億元 | | |
| 2.事業群 | 第一電源事業群 | 第二電源事業群 | 零組件事業群 | | | |
| 3.時間 | 1983 年起 | 1994 年起 | 2008 年起 | | | |

第一欄是依據節能減碳方式來區分，背後隱含開「源」（即開發替代能源）的貢獻大於「節流」（即節源減碳）；其中替代源中的燃料電池（氫動力汽車）、鋰電池（電動汽車）的著眼點都在汽車。而第一列則是依據時間順序來排列。

# 壹、鄭崇華對綠色產品的政策

「何必日利」可說是對於台達「因綠而貴」的最貼切形容，從 1974 年開始，鄭崇華就把高能源效率視為公司的使命，而不是為了「賺錢」或「全球排名」。這點是很重要，當然在本節中還是不能免俗地得談一下「綠色商機」！

## 台達是為使命而做的

1974 年左右，台達成立三年，鄭崇華便界定台達的經營使命是「提供高能源效率的創新產品，追求更好的生活品質」。相當注意環保，只是當時沒有人當一回事，而台達一路上都在產品及製程中兼顧環保。不管是白手起家的電源供應器，或是新佈局的太陽能電池、變頻馬達控制器等，台達可以說所有產品都是環保產品。」

回顧過去環保產業的佈局，鄭崇華認為，台達在佈局的同時，也學到許多節能產業的知識，這也是讓台達在節能佈局上不同於其他公司趕流行的方式。[1]2006 年 5 月，鄭崇華向柯子興說：

「做環保還能賺錢，不錯吧！」[2]

時序進入 21 世紀，台達把「電」的核心能力延伸，發展出例如太陽能和風力發電，從台達的企業使命就能看出改變。過去台達自喻為提高能源效率產品的提供者，而現在，要解決世界的問題，使命就變成了解決方案的提供者。

# 1991 年波特預言

1991 年，全球策略大師、哈佛大學商學院教授波特發表一篇名為「綠色競爭優勢」的文章，後來由《紐約時報》轉載，才更加普及化。他認為光在歐洲，綠色產品每年就有 500 億美元的商機。綠色產業已經是一個普世的需求，而且是未來主要的外銷產業之一，因此哪家企業能投注較多資源於環保上，將可反映於其營收上，並且促使企業做更多創新。因為要符合越來越嚴苛的環保需求，企業必須在其生產的原料、過程中，有更多創新的作法。

# 2007 年，《經濟學人》雜誌的印證

2007 年 6 月，一向關心環保生態的英國《經濟學人》（*The Economist*）雜誌，再度以全球綠化做為封面。文中指出，研究機構 New Energy Finance 指出，全球挹注在相關事業，例如替代能源、低碳科技等的金額，已從 2004 年的 280 億美元，成長到 2006 年的 710 億美元。短短兩年間，全球投注綠化事業的金額，就成

長兩倍多，綠色產業越來越有賺頭。

　　2015 年時全球綠色產業的產值將達 6,650 億美元，初估屆時台灣綠色能源產業的產值應該可達 200 億美元。綠色產業、乾淨科技（Clean Tech）等名詞大抵交替使用。

### 以再生能源為例

　　「全球永續能源投資趨勢報告」顯示，全球投資人掀起綠色能源淘金潮，2007 年對風力發電、太陽能和其他替代能源產業，共投資 1,480 億美元，詳見圖 2-1。

　　風力發電吸引最多投資，金額 502 億美元。太陽能發電投資成長最快，吸引 286 億美元的新投資，而且從 2004 年起，平均每年成長 254%。

　　生質燃料（生質柴油和酒精）投資減少三分之一，降為 21 億美元，而且新投資從美國轉向巴西、印度與大陸。

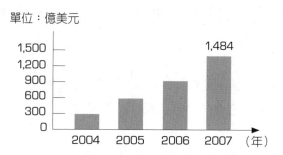

圖 2-1　全球再生能源新投資金額

資料來源：聯合國，2008.7.2

### 綠色科技

美國創投公司以往多專注於資訊科技，但如今卻開始轉向綠色投資。矽谷創投公司杜爾，早期因為伯樂識千里馬，投資谷歌、亞馬遜和昇陽，讓他一夕成名。他曾經表示，「綠色科技可能是 21 世紀的最大經濟機會」。昇陽創辦人之一的柯沙成立一家創投公司，專門從事再生能源的投資。[3]

### 最誇大的說法：綠色工業革命

由於全球環保意識的覺醒，使得人類已經身處在第三次工業革命當中，綠色工業革命主要來自兩種層面，包括經濟議題的變革和消費者的覺醒。因為各國更趨嚴格的環保法規，已使得企業必須加速改善其生產環境，以達到節能、減碳的標準。各國政府積極訂定相關法規以追求環境永續發展，勢必影響著企業經營方式，而各企業為提升其競爭優勢，也將帶來科技上的創新，包括引進節能科技、開發新能源、利用資源回收，節省能源成本等。

## 21 世紀的新機會在環保與節能

太陽系（尤其是地球）經過 46 億年逐漸演化，才形成適合人類及生物居住的環境，然而人類卻在這短短幾百年之間，給生態帶來二大浩劫。

一份由全球 95 個國家，共計一千多名專家共同執筆的「千禧年生態系統評估」報告，其中指出全球已過度使用自然資源，讓全球三分之二的自然資源嚴重耗損，甚至點出石油再過三、四十

年將可能耗盡，煤礦也頂多只能用上一百年。面臨自然資源的嚴重耗損，我們必須更嚴肅面對這惡化的地球資源問題。

另外，人類所產生的廢棄物污染更是不勝枚舉，最顯著的例子，就是過度排放二氧化碳及砍伐森林所造成的溫室效應，嚴重破壞了環境。致力於環保節能的國家，首先覺醒的是歐洲，以荷蘭實踐得最好，其次是日本。反而經濟強國美國卻是最差的，除了危害美國人民，相對地也把全世界的習慣給帶壞，美國也成了浪費資源最多的國家，所以我們不可能跟美國一樣。如何才能讓地球的人類及生物長久活下去，環保節能將是一個重大關鍵。

能源短缺、人口增加，以前談環保會想到成本增加；但現在講求節能和環保不僅不會產生壓力，還可能因此掌握了商機。

大陸這幾年的成長非常了不起，但是環保總局的副局長潘岳，2005 年 5 月卻在財富論壇上大聲疾呼：「大陸人均產值的消耗是日本的七倍、美國的六倍、印度的 2.8 倍，人口資源和生態環境的問題已經慢慢浮現出來了。我們必須及早解決，因此要非常注意防範、調整產業結構、提升資源的使用效率，並且研究先進國家在發展工業的經驗，取其長補己短；不要一味地學習美國對自然資源的揮霍無度，不要有先發展、後治理的念頭。

中華經濟圈能夠持續繁榮、華人的企業能夠盡到世界公民的義務，就是要相信大陸的企業家有能力來實現優質的經濟成長方式，還可在當中兼顧環保的目標。

同時我們也要提倡節省能源的產品設計；如果我們繼續浪費

自然物資，不僅資源會耗盡，也會造成環境污染。所以今後如何回收產品、如何重複使用，變得相當重要。把地球的資源設計到產品上、用過後再回收，這樣我們的子孫才不會面臨資源缺乏。

大陸政府的能源政策，要用跨越式的技術，以最快的速度改進建築、工廠以及產品製造過程的能源效率。至於迴圈經濟（也就是以高效利用資源為主軸）和再生能源法，這是非常正確的方向，也是一個可喜的消息。

我認為大中華經濟圈應該善用經濟和科技，把環境跟優質的生活放在同等地位。產品的製造設計必須要兼顧使用者和環境的需求，尋求自然資源使用的極小化和效率的極大化。

二十一世紀值得人類好好學習，不要繼續無謂地浪費自然物資和能源，因為這對將來的影響實在很大。這是個值得我們把握的契機，而這個機會就在當下。」[4]

# 貳、台灣在節能產品的佈局：第一、二電源事業群的電源供應器

台達有 55%營收來自電源供應器，只要電源效益高一些，簡單的說，在電壓、電流轉換過程中，少流失一些電，節能效果非常驚人。因為光以個人電腦、個人電腦相關的伺服器，只要電源供應器少浪費些電，就跟自來水公司一樣，大管線漏水若能根除，其實遠勝過家庭省水效果。

# 1980 年，為什麼介入電源供應器？

1970 年末期，台灣工業發展正興盛，夏季都有電力吃緊的危機，鄭崇華受邀參加一場工研院電子所的演講，宣導蓋電廠的理念。他蒐集了一些資料之後卻發現，蓋電廠是一筆非常昂貴的支出，且核能、火力發電對環境都是負面影響。他異想天開的認為，要是省下這些經費，用做教育公司省電，或是發展其他省電方式，舒適程度不變，但卻能節省能源，不是更好嗎？此時節能環保的觀念，已開始在他心中萌芽。[5]

### 臨淵羨魚，不如退而結網

從 1990 年，鄭崇華捐資成立台達基金會時，可看出鄭崇華的決心。因為，環保不只是要有問題意識，還要有好的解決方案。

鄭崇華表示，台達是全球最大的電源供應器製造公司，對節約能源有使命感，我也常勉勵同仁，要盡其所能地設法提高產品效率。

因此，台達從 1980 年先生產個人電腦電源供應器的元件，1983 年推出電源供應器，踏上節能的路。當時的電源效益只有60%，也就是有 40% 的電壓電流交換、變壓等過程中浪費掉了；但至少比大部分對手產品好，台達主要就是靠這招蠶食市場，1996 年 3 月時做到全球市占第一，從此每年連莊。底下舉二個例子說明台達電源供應器對節能減碳的貢獻。

台達率先加入電腦產業拯救氣候行動機構，並且在低耗能

技術的研發上投注大量成本，技術長梁榮昌表示：「消費者使用資訊產品時能否落實節能，完全取決於電腦公司是否提供節能商品，台達每年出貨高達 1.8 億顆的個人電腦電源供應器，如果這些電源供應器全為高效能，將可省下 19 億度電力和 180 萬噸的二氧化碳排放量。[6]

　　海英俊指出，如果伺服器使用的電源供應器的電源效益能由 90% 提升至 92%，一年就可省下 350 MW 的用電量，相當於 0.7 座發電廠的發電量。台達把核心能力提高，或許比種樹的效果來得更大。[7]

## 節能減碳，從電源供應器做起！

　　鄭崇華很喜歡利用下面這個例子，來說明台達的電源供應器的節能貢獻。

　　依據 2006 年底英特爾技術長和谷歌（Google）研發人員在英特爾開發者論壇（IDF）中提出的計算方式，假設這些電源供應器被一億台電腦採用，每台電腦每天工作八小時，電源效益從 90% 提高到 92%，三年內可以為地球省下 400 億度電，以美國加州的電費來看，足足可節省 50 億美元。更重要的是減少了 248 萬噸的二氧化碳排放，不僅創造新的商機，更對地球環境有實質幫助，讓我們的工作別具意義。[8]

　　簡單地說，只要電源效益提高 1 個百分點，至少可以少蓋一座核能電廠。[9]

　　2009 年 8 月 15 日，中技社執行長兼台灣綠色生產力基金會董事長林志森表示，台達的電源供應器電源效益大幅提高，且三十年來，體積縮小到只剩十分之一，節省材料。

　　替使用者節省許多電量，替地球減少二氧化碳排放。以台達一年外銷 1.6 億台，全球市占率 60% 的驚人數量，可以想見地球的貢獻有多大。可見台灣不一定要完全靠自己來減碳，只要能供應全世界最省能源的產品和設備，貢獻反而是全球性的。

　　根據勞倫斯伯克萊國家實驗室的研究員庫米（Jonathan Koomey）指出，2005 年，全球的電腦吃掉了 1230 億度電。

　　2007 年，美國的電子郵件、大量運算和網頁搜尋消耗掉 610 億度，相當於美國總電能的 1.5%，如果趨勢不變，到了 2010 年，耗電量會變成兩倍，如此一來，一部電腦終其一生產生的電費帳單，就會超過售價。對網路和電腦公司來說，節能不只是為了環保，還有商業上的理由。

　　電腦產業拯救氣候行動機構（Climate Savers Computing Initiatives, CSCI）的統計，每台桌上型電腦從插頭傳送到主機的過程中，有一半電力會變成熱能散發在空氣中，以平均 250 瓦的電力需求來計算，平均一天開機 4 小時，一個月電費約在 52 元，一年則是 627 元。每年，你等於把三百多元的成本送給了空氣。

---

### 小辭典

**如何弭平網頁踩下的碳足跡**

　　$CO_2$ Stats 這款免費工具可用來嵌入任何網站，以計算使用該網站運作時所產生的二氧化碳。它估計的根據是假設相關個人電腦、網路和伺服器須消耗 300 瓦特的電能，相當於使用時每秒散發出 16.5 毫克的 $CO_2$。這款網頁工具的共同創造者，哈佛大學物理學者威斯納－葛洛斯（Alexander Wissner-Gross）說：「典型的碳足跡大約等於 1.5 人呼吸量。」[10]

---

### 小辭典

**電腦產業拯救氣候行動機構（CSCI）**

　　2007 年 6 月，谷歌、英特爾和其他公司組成了「電腦產業拯救氣候行動機構」（CSCI），在全球已有 175 家企業和組織參與，包括台達、宏碁、華碩、技嘉、微星、廣達、緯創等台灣公司，希望藉由生產與採購具電源使用效益的電腦，在 2010 年降低 50% 的電腦耗電量，這相當於省下 55 億美元的能源成本，以及每年減少 5400 萬噸的溫室氣體排放量。

　　該機構網站：www.climatesaverscomputing.org

---

　　如果因 2008 年 3 月，德國雜誌《Stern》的報導，電腦耗電更大，一共需要 14 座發電廠才能提供全球網路的電腦及伺服器用電，而隨之產生的碳相當於所有航空業的碳排放總量。舉例來說，德國最大的網頁寄存公司 Strato 的用電量就相當於一個小鎮的總用電量，而電費支出也是該公司的最大成本項目。[11]

台灣 2006 年二氧化碳排放量 2.65 億噸，其中電力公司佔 61.9%，這是因為電力公司八成以上發電使用化石能源（煤碳、天然氣），會排出二氧化碳；因此省電變成減碳的最主要方式。

## 節能電腦商機

由於全球個人電腦耗電量驚人，所以從 2005 年起，公私立單位陸續推出電腦及周邊商品的電源效率標準，詳見表 2-2。底下依二項產品說明台達的績效。

### 桌上型電腦部分亟待提升

台達桌上型電腦電源供應器的電源效率，從 1983 年的 60% 攀升到 2006 年的 92%，致力提升電源供應器效率，已達到 98%，日本東芝高層主管曾對鄭崇華說：「我們已可以做到跟你們一樣」。[12]

### 筆記型電腦部分以逸待勞

筆記型電腦電源供應器的電源效率，台達的產品在 2008 年為 85%，遠超過美國環保署的採購規格。

表 2-2　綠色電腦的節能要求與台達的績效

| 年<br>採購標準 | 2005 年 | 2006 年 | 2007 年 | 2008 年 |
|---|---|---|---|---|
| 一、公司　高 | | | 電腦產業拯救氣候行動機構，希望桌上型電腦的電源效率 94% | |
| 二、政府<br><br><br>低 | 美國環保署推出「能源之星」（Energy Star）計畫，規定桌上型電腦的耗電量須少於 65 瓦特，筆記型電腦電源供應器的電源效益 80%以上（即 80 Plus）。 | 美國加州節能法案中規定電子產品待機時耗電的標準，即「待機耗電規範」。 | | 美國航太總署（NASA）和國防部有意要求旗下單位的採購須符合電子產品環境評估工具（EPEAT）標準。 |
| 三、台達的績效 | 2008 年時，筆記型電腦電源供應器的電源效率 85%，未來目標 87%。 | | 針對桌上型電腦電源供應器的電源效益 92%。 | |

2008 年 4 月 28 日，在台達法說會中，海英俊表示，過去當電源供應器公司跟客戶提到電源效率，一般的回應都只是聽聽，不以為意，而海英俊分析，當能源價格越貴，客戶重視效率的趨勢就越明顯，像 2008 年英特爾推出超低電壓（CULV）的處理晶片，2009 年 4 月，宏碁領先市場推出 Aspire Time Line 系列，2009

年 7 月，全球筆電掀起一片 CULV 風。筆記型電腦公司電源效率是賣點，這對台達來說，可說是很有發揮空間。

### 通訊電源供應器，大賣

台達有一款高密度、高效率的通訊電源供應器，產品體積只有現行款的 31%，重量從 5 公斤下降到不到 2 公斤，電源效率在 92%以上。

由於一顆一年就可以節省好幾千美元電費，客戶的接受度相當高，使得這款產品的訂單暴增四倍，讓台達在整體的通訊電源供應器 2008 年第一季的年成長達 30%。[13]

### 開源節流，兩路併進

「過去發展電源轉換器最合適那個時代，現在我們覺得做再生能源最合適，對社會有貢獻，也合乎我們的產品發展，只是再擴充一下而已。」鄭崇華說。

再生能源加上節能產品，台達致力成為地球的好公民。「做這些事情，對世界有貢獻，還能賺錢，公司能夠永續，不是很高興嗎？每家公司應該都可以做到的。」鄭崇華不只要求自己，也期望更多企業共同努力。[14]

台達集團在捕捉綠色商機方面，針對節能減碳兩方面齊頭並進，請見表 2-3，底下詳細說明。

至於片段的發展，此處一筆帶過。例如，2009 年 8 月 27 日，台達跟全球最大化學公司德國巴斯夫公司（BASF）宣布，開發出革命性的磁制冷技術應用，可以取代冰箱和冷氣機的冷媒和壓縮

機，將可節省高達 50% 的電力消耗，預計 2011 年量產。

　　巴斯夫已開始生產此一特殊且具經濟效益的材料，跟傳統材料相比，這種材料可在更低的工作溫度下呈現出磁制冷效果。由於以磁制冷效果為基礎的冷卻系統可大幅減少能耗，因無需傳統氣態式冷媒，因此相對使用傳統壓縮機的冰箱，它比較安靜，振動也較少。

　　海英俊表示，巴斯夫的材料加上台達的電源節能管理方案與系統整合核心技術，將開發出更多環保、節能的應用與商機。

表 2-3　台達集團在綠色產業的布局

| 開源節流 | 說明 |
|---|---|
| 一、開源<br>　(一)太陽能發電 | 旺能跟 Spectrolab 公司共同合作開發三五族聚光型太陽能電池，原來已有矽基太陽能電池模組。 |
| 　(二)風力發電 | 跟英特爾共同開發四核心風扇的小組，研發出小型風力發電系統 |
| 二、節流<br>　(一)進軍電動汽車 | 1.鋰電池<br>台達以磷酸鐵鋰為正極材料的電池已完成樣品，未來鎖定車用電池市場，要在 2010 年導入汽車供應鏈。繼取得電池芯廠有量科 37% 股權後，2009 年 6 月 22 日以 8.6 億元取得筆記型電腦電池廠順達（3211），在儲能領域已從上游電池芯走到封裝。<br>2.燃料電池<br>將整合鋰電池及電池封裝技術，發展電動工具，中長期則耕耘車用領域，搶占電動汽車市場。 |
| 　(二)LED 燈泡 | 跟齊瀚光電、海立爾、聚積、能緹、同欣、艾笛森策略聯盟 |

### 成為節能概念股

2006 年 8 月下旬台達法說會上，法人、媒體總計來 150 人，不僅是近年新高記錄，跟 2004 年台達法說會上不到四十人的情況更形成強烈對比。

讓台達重獲法人青睞的正是綠色商機，本身從事與用電息息相關的電源供應器外，台達又投資歐洲太陽能電池用電源供應器、太陽能轉換器公司旺能、無汞背光板奇達等五、六個案子，全部都跟環保議題相關，鄭崇華儼然成為了台灣環保模範企業主。因為綠色概念，該公司股價本益比已從 2001 年的約十倍翻揚到近期的二十倍，同期間內華碩的本益比僅微幅由 15 倍提到 19 倍。

## 參、台達在替代能源產業的佈局 Ⅰ：旺能和台達太陽能事業部

光有節能還不夠，鄭崇華心裡不斷想著的，是如何開發石油之外的能源，也就是替代能源。

在節能減碳的風潮中，最夯的產業是太陽能產業，2005 年 2 月，茂迪、益通股價漲到千元，短期擔任股王。

台達在太陽能產業的佈局涵蓋中下游，比茂迪、益通光能更強調向下整合，不只是賺工錢，而且還賺行銷利潤。

鄭崇華受訪時，對太陽能發電的看法如下：「台達積極地投

入如太陽能電力等再生能源的領域，積極開發 LED 節能照明產品、小型風力發電領域等節能產品，我們現在要做的就是從資訊技術（IT）邁向能源科技（Energy Technology, ET）。運用台達在電源管理上的基礎，以及我們在研發、生產、管理上的強項，積極地發展潔淨與替代能源的產品與技術，為地球環境貢獻一份力量。」[15]

由表 2-4 可見台達集團在太陽能發電的佈局，橫跨二個事業群的三個事業部和一家子公司。接著依價值鏈，由上中下游順序依序說明。

表 2-4　台達集團在太陽能發電的事業佈局

| 價值鏈<br>發電方式 | 上游（以轉換器為例） | 中游（以電池片為例） | 下游（系統） | |
|---|---|---|---|---|
| | | | 代工 | 安裝 |
| 一、聚光型太陽能 | | 台達零組件事業群，2007 年 3 月 9 日，跟美國波音公司旗下 Spectrolab 公司合作 | | |
| 二、矽基太陽能 | 台達第二電源事業群的不斷電事業部生產太陽能模組（電池片＋轉換器等）所需的轉換器 | 2004 年，旺能光電 | 2006 年，台達第二電源事業群的太陽能事業部 | |

## 上游（零件）：轉換器──台達第二電源事業群不斷電電源事業部

**電池模組**是太陽能發電系統的主體，模組是由電池片加上太陽能電源轉換器（solar inverter），這是由台達第二電源事業群不斷電事業部負責，全球市占率最高。2006 年，已出貨給日本客戶。

## 矽基太陽能發電技術：旺能光電

2004 年年初，工研院材料所決定，把太陽能電池的薄型單晶矽及多晶矽製造專利釋出，邀請業界合資加入生產計畫。但是，這塊市場當時在台灣一年的產值不到 20 億元，發電成本又太高，台電產出一瓩／小時的電力只要 1.3 元，但透過太陽能電池卻要17 元，是十倍以上，市場誘因很小。因此經過了幾個月，都沒有企業願意加入。

工研院抱著試試看的心情跟台達接觸後，鄭崇華當天就有了回應，甚至一拍即合。工研院專案育成室主任簡卡芬很感動的說，鄭崇華是環保企業家的典範，不是看到利之所趨，反而是在利潤還很薄的時候，認為這是該做的事，就決定投入。

小檔案

**旺能光電（3599）**

成立時間：2004 年

董事長：梁榮昌

總經理：袁明來

資本額：2008 年 11.8 億元

營收：2008 年　62 億元（2007 年 55 億元）

產品：矽基太陽能電池片

　　茂迪在 2006 年 1 月，股價漲到 625 元，拉下宏達電（2498）而成為股王。益通（3452）在 3 月，股價漲到 1205 元，拉下茂迪而成為股王。

　　不能事後聰明的說，2006 年只比 2004 年延後二年，為何 2004 年工研院「找嘸人呢？」太陽能股股價從 2006 年 1 月起上漲，背後原因來自油價從 2005 年 1 桶原油 40 美元起漲。大一經濟學曾談到，替代品間的價格彼此正相關，豬肉價格漲，雞肉價格也會漲；同樣道理，汽油價格漲，太陽能價格會狂飆。

　　台達 2004 年投資旺能，生產太陽能電池片，第一期資本額六億元。他打算累積生產技術後，進一步擴大規模。對於這個產業，他很樂觀，鄭崇華說：「你不必擔心銷售或價格的問題，因為這行業前途是很好的，重要的是原料（矽）到底夠不夠。」[16]

**旺能是台達集團的印鈔機**

旺能總經理袁明來說明太陽能電池片的原料占成本三分之

二，破片率假設增加一個百分點，毛益率就少一個百分點。至於冷陰極管破管率只要達到 5%，整批就得重驗，耽誤出貨時間，獲利也就沒了。

袁明來舉例，旺能成立半年後，就做到單晶矽光電轉換率達16.7%，不輸給太陽能電池公司商夏普太陽能（Sharp Solar），但這並不代表每一批貨都能如此，為了讓每一片產品光電轉換率一致，甚至連設備噴出的火焰大小、溫度和顏色，都有專人定期觀察記綠，只要偵測到火的顏色有些微改變，馬上匯集生產線、研發和設備人員開會，以免影響良率。[17]

旺能光電 2005 年 10 月營運，一條生產線，年產能為 25 MW（百萬瓦），營運後二、三個月便開始賺錢，創下集團內最快賺錢的記錄，連鄭崇華都嚇一跳，以「從來沒有做生意幾個月就能賺錢」來形容。[18]

2009 年 6 月底，旺能在興櫃股價 42.7 元，而以台達持股計算，潛在利益達 12 億元，以台達期末股本 239 億元計算，每股潛在利益貢獻達 0.84 元。

旺能在 2007 年 11 月登錄興櫃，歷史高價為240.75元，2009年上半年，股市不佳，因此申請延後上市，因此旺能在年底會申請上市。

### 停聽看

面對台灣的公司前仆後繼地投入太陽能電池擴廠，旺能卻顯得有些保守，台達企業訊息部處長周志宏表示，台達並未看淡

太陽能電池後勢，而是擴產簡單，大約數億元左右就可以建好一條生產線，只是矽晶圓缺料太嚴重，因此旺能在太陽能電池擴產上，要看上游料源掌握情形來決定。[19]

旺能擴廠從 2008 年底起非常積極，但因台灣覓地不易，考慮赴大陸設廠，因此產能停留在 180 MW（2009 年占全球產能 2.43%）。

2007 年 10 月，旺能以每股 100 元辦理 3 億元的現金增資，台達放棄認購，以便引進法人，所募集的 30 億資金作為作購買原料的週轉金。2009 年 2 月 16 日，取得 40 億元銀行聯合貸款。

## 聚光型太陽能發電技術：台達零組件事業群

矽基太陽能電池 2005～2008 年遇到的最大問題是材料不足，太陽能電池板和半導體晶圓都靠矽來做原材料，因此發生嚴重搶料風潮。上游材料不足，加上使用量又大，太陽能電池只好尋找矽以外的替代材質。

聚光型太陽光電（CPV）技術的技術難度比平盤式（Flat-Plate）太陽光電技術低，使用的半導體材料或太陽電池較少、相關配件（例如透鏡等）並不昂貴、容易大規模安裝且更具經濟效益。

使用三五族元素（例如砷化鎵）電池的聚光率（Concentration Ratio）越高，也對成本下降助益越大，甚至比電池效率影響還來得大。但是台達考量到轉換效率仍低以及含有毒有鎘金屬後，尚未考慮跨入。

聚光型太陽電池沒有矽晶圓缺料的困擾，使用壽命也最長，但除了電池片和模組外，還要有盯著太陽跑的追日系統，使得整體造價最貴，但核算效益成本，2012 年可能就會勝出。

聚光型太陽電池在 2010 年有 5 億美元或 250 MW 的市場規模。2005 年 5 月，台達法說會中，海英俊表示，由於矽基原料價格太高，因此台達開始研發以不同材料開發太陽能的產品。[20]而聚光型太陽能電池需要強大的模組組裝、電源轉換、熱流管理和光學設計等能力，因此決定由台達的零組件事業群負責開發。

### 2006 年，跟美國 Spectrolab 公司研發合作

2006 年起，台達跟美國 Spectrolab 合作研發。Spectrolab 創下的光電轉換效率記綠只是實驗室的成果，Spectrolab 是晶片公司，因此雙方的合作方式是由台達向 Spectrolab 採購晶片，然後進行後段的組裝。[21]

2007 年 3 月 9 日，台達宣布，開發完成聚光型太陽能電池接收器模組與製程技術，光電轉換率超過 35%。

台達零組件事業群研發中心主任江文興說，這項新產品的組裝設計與製程技術，已經符合 Spectrolab 的規範標準，台達成為其合作夥伴。

Spectrolab 負責地面型太陽能光電產品事業的總經理 Raed Sherif 說：「我們相信，台達的太陽能電池組裝技術，能讓 Spectrolab 的客戶獲得設計完整、可靠的產品，並可藉此加速進入聚光型太陽能電池市場。」[22]

小檔案

### Spectrolab

Spectrolab 是美國波音公司旗下專注太陽能產品開發的子公司，也是這一方面的領導公司。根據美國能源部再生能源實驗室所公布的報告，Spectrolab 所發展的聚光型太陽能電池已創下世界最高 40.7% 的光電轉換率記錄。

聚光型太陽能適合沙漠地區，用鏡子把太陽光全部投注在能源塔上，加熱熔鹽，進而產生水蒸氣，用渦輪發電。在美國拉斯維加斯市已有投資 2.6 億美元的電廠。

## 太陽能系統安裝：台達第二電源事業群太陽能系統事業部

2006 年 2 月 23 日，台達法說會中，海英俊宣示台達要做到太陽能發電系統。[23]也就是，台達將由以往的「賣產品」轉為綠能系統的整合服務公司。

由台達第二電源事業群 2006 年成立太陽能系統事業部，負責生產產品、安裝，這是因為台達有全球安裝（主要來自通訊電源事業群的基礎）。下面依時序說明台達承接的四個太陽能系統案例（見表 2-5）。

表 2-5　台達在鋰、燃料電池的佈局

| 時間 | 2003 年 | 2004 年 | 2006 年 | 2008 年 4 月 |
|---|---|---|---|---|
| 進軍方式 | 合作研發 | 合資 | 內部發展 | 收購股權 |
| | 2003～2005 年，跟國防部中科院合作燃料電池，2005 年結案，獲得先期技術。 | 跟工研院合資成立旺能光電，2009 年底，產能 180 MW。 | 台達零組件事業群進軍太陽能發電系統生產、銷售（含安裝）。2007 年 3 月 10 日，跟美國 Spectrolab 公司簽約購買晶片，進軍聚光型太陽能發電。 | 4 月，以 4,295 億元，收購高功率鋰電池公司有量科技 37.1% 股權，先卡位電動手工具機電池市場，中長期也就是瞄準車用市場，包括電動腳踏車、摩托車、代步車和汽車。2009 年 6 月 22 日，筆電電池「二哥」順達（3211），私募轉換價 10 億元，台達持有 8.6 億元。 |

世運揭幕，太陽能系統工程起跑

2006 年，台達以 3 億元得標，2007 年開始施工，2009 年 7 月於高雄市舉辦的世界運動會場館的太陽能發電系統，發電量為 1MW，屋頂由 8844 塊太陽能板組成，是全球太陽能裝置容量最大的單一建築體，每年至少 114 萬度的發電量，可以減少 660 萬噸的二氧化碳排放量或等於種了 33 公頃的樹林。這是台達首次接獲的太陽能系統工程整合性訂單。

台南市的麗莊開發總經理陳政民指出，當媒體披露台灣的二氧化碳排放量增加 110%，成長速度全球第一時，即興起以明日建築的未來生活概念自許，台達南科廠大量曝光後，不少公民營企業界，期望跟台達合作，這是台達第一次做住宅大廈及透天厝太陽能組[24, 25]。

2008 年 1 月 11 日，台達集團旗下位於美國北卡羅萊那州的 DPC 公司，完成 30 瓩太陽能發電系統，這裝置是跟一般用電併聯在一起，在日照充裕時為大樓提供日常用電，以每瓩太陽能電池售價約 30 萬元計算，該發電系統造價 900 萬元。該系統由台達自行組裝，台達在台北辦公室和南科廠區分別建有 21 瓩與 5 瓩的太陽能發電系統。

台達的下一個目標是要建環保屋。[26]未來台達還會把綠建築觀念推廣到民間商業住宅，在江蘇水鄉之一的同里，推出安裝台達所生產的環保節能產品之「綠住宅」。[27]

另外，由台達贊助的「台達杯國際太陽能建築設計競賽」，於 2006 年 9 月 22 日於北京人民大會堂舉行記者會，以「太陽能與我的家」為主題，在全球進行太陽能住宅設計方案的徵集與評比，最高獎金為人民幣 5 萬元。

# 肆、台達在替代能源產業的佈局 II：鋰、燃料電池進軍電動汽車

台達在汽車的節能減碳方面，兵分二路，一是階段性產品的電動汽車，其核心是鋰電池；另一是**燃料電池**，即**氫動力汽車**，主要是加氫氣，由汽車自行分解水而產生氫氣比較不划算，其成長方式詳見表 2-5。

在介紹台達這二方面的佈局之前，先說明鄭崇華在 2004 年進口豐田汽車的油電混合動車普銳斯（Prius），這件事讓鄭崇華紅了二、三年。

## 從油電混合動力汽車開始研究

豐田汽車在 1997 年推出第一版的普銳斯，當時汽油便宜、環保觀念弱，再加上車又貴，因此銷量很差，2003 年，推出第二版，油耗（每公升汽油可跑）24.7 公里，而且低污染，台灣的和泰汽車於 2006 年才開始引進；2009 年 5 月推出第三版。

鄭崇華基於下列二個目的，於 2004 年先自己進口一輛普銳斯來開開看。

「我常在想，假如台灣大家都用這種車，的確省了不少汽油呀！我開起來，就省了八成的油，而且很好開，聲音又小，也許我對它印象比較好，我看不出什麼缺點來。」鄭崇華笑得眼睛都瞇起來了說。

　　他甚至考慮，只要這類車可以開放大量進口，他要推動台達員工環保車購車補助。

---

**小辭典**

### 混合動力汽車省油的原理

　　油電混合動力車起步時採用電動馬達、正常行駛時以低油耗引擎及電動馬達做結合，以最具效率模式行駛。遇到紅燈停車或處於怠速狀態，自動把引擎停止而減少能源浪費；煞車或減速時的動能轉換為電能回收使用；加速狀態時，可由馬達傳輸補助驅動力，也可以純電動模式行駛。

---

　　交車當天，鄭崇華就像小孩子一樣，向同仁炫耀鑰匙，並且迫不及待地開車上路。他經常會找技術長梁榮昌私下開會，頻頻詢問車上的各項節能系統，看看台達是不是有研發的可能？讓梁克勇備感壓力。[28]

　　過去因為節省，十年來始終不肯聽勸換車的鄭崇華，由於體認到石油存量只剩四十年的用量，終於狠下心來放棄那台耗油日深的富豪汽車。鄭崇華發現，電動車使用的含鉛電池回收，對環境仍造成一大問題，於是 2004 年，他選擇購買豐田汽車中以汽油和電池的混和動力汽車（Hybrid），這是台灣第一部豐田普銳斯。一時之間，所有關於鄭崇華的報導，都跟這台車脫不了關係。「我很意外，我倒沒想到，買一部車子會造成轟動。」鄭崇華笑著說。後來，這輛車交給二兒子鄭平使用，但有時仍會手癢偷開

一下。」

　　沒想到在美售價要 1.8 萬美元（約合 57.6 萬元），卻因為沒有車商進口，鄭崇華找貿易商由美國進口，竟花了 227 萬元，足足是原價的 3.7 倍。值得嗎？鄭崇華瞇著眼沉思一會說：「大家不應該只看到買車的花費，更要仔細想想一部車對環境可能造成的影響」。[29]

## 鋰電池，進軍電動汽車──減碳動機

　　台達想進軍電動汽車的電能儲存系統，以往的台達公司只會做鎳氫電池，不適合做電動汽車。台達兵分二路，一路是自行研發磷酸鐵鋰，另一路是收購手工具鋰電池公司有量科技。

　　鄭崇華是台灣第一位使用油電混合動力汽車（即豐田的普銳斯）的人，他表示，油電車是很實際的產品，可以節省一半的用油量，是電池車推到市場前的過渡產品，由於市場上有新的材料研發出來，未來只要克服鋰電池安全和解決能量的高密度問題，電動車將是一個商機。這是繼太陽能、LED 燈之後，台達想要達成的下個目標。[30]

　　有手機、筆記型電腦、數位相機的人對鋰電池都很熟悉。優點是體積小、充電時間短、耐用期間長。它的高功率、高能量、循環壽命長、體積小等優勢，將逐漸取代鎳氫、鉛酸等材料，成為電池市場主流。

　　台達發現，不管是哪一種材料，循環充電都無法超過 2,000

次，「純」電動車仍不太可行，要是採取油電混合的方式，電池的壽命可以增加很多。台達也開發超級電容，透過小小一片像是名片的東西，就能夠在 1 分鐘內快速充電，可以先應用在公車系統。

全球 3C 可攜式產品的鋰電池市場規模在 2009 年已達 91 億美元，預估 2020 年可達 223 億美元；鋰電池走入新興能源產業，預估至少可創造電動工具機 10 億美元、輕型電動車 1.5 億美元、油電混合動力汽車 120 億美元大餅。

鋰電池用於筆記型電腦和手機，容量是鎳氫電池的 2 倍，且可重複充電，是最有希望應用於電動汽車的電池，但安全仍是最大的考量，使用鋰電池的產品有過熱和起火的風險，也引發電動汽車在這方面的疑慮。

日本日產汽車的目標是成為生產「零排放」車輛的領導者，2009 年 8 月於美、日二地，推出一款完全以電力驅動的汽車 Leaf，並於 2010 年下半年擴及全世界。但成功的與否取決於鋰電池的品質，2008 年 5 月 19 日，日產跟恩益禧宣布，在未來 3 年合資 32 億元，生產性能較佳、售價較低的電池，以取得領先對手的優勢。合資公司於 2009 年投產，初期產能為每年生產 1.3 萬顆電池，預計 2011 年產量增加至 6.5 萬顆，豐田、通用等汽車公司均急於量產自家的鋰電池。豐田 2009 年 5 月推出第三版普銳斯，具備直接充電（plug-in）的功能。通用汽車打算在 2010 年推出 Chevrolet Volt，一次充電可行駛 40 英里，並配備可於行駛間充電的瓦斯引擎（簡稱氣電車）。[31]

### 台達自行開發磷酸鐵鋰電池

2008 年 7 月，台達以磷酸鐵鋰為正極材料的電池已經完成樣品，因汽車公司認證時間相當耗時，預計 2011 年導入。

台達集團一直想進軍鋰電池，但是覺得買現成的，發展速度可能更快。

2008 年 4 月 8 日，台達董事會通過，斥資 4.295 億元取得高功率鋰電池公司有量科技 37.1% 股權，以每股 45 元取得 850 萬股，再以 47 元參與現金增資 100 萬股。雖然是取得普通股，不過也比照私募限制不得於三年出售。

台達主管表示，初期以鋰電池和電池封裝技術整合，發展電動工具機電池，下一步就會卡位電動自行車或摩托車，最終的目標還是車用電池領域，要做到電池組的水準。

## 燃料電池進軍氫動力汽車——節能減碳兼顧

電動汽車還是要用電，電來自於汽油、碳，終究還是間接造成污染。燃料電池，顧名思義，便是自備燃料發電儲存在電池中，不會造成污染，台達 2003 年便開始跟國防部中科院第五所合作研發。

**燃料電池（fuel energy）**這名詞不容易望文生義，可視為自備發電燃料的電池，所以本質上跟太陽能電池比較類似，兼具發電和電池二種功能，用於汽車稱為氫動力汽車。

「燃料電池」被譽為 21 世紀能源科技新焦點，不僅是被譽為

最有潛力的替代能源，更可望成為可攜式電子產品的電池主流。燃料電池是一種直接把燃料的化學能轉換成電能的裝置，具有高效率和低污染的優點（詳見表 2-6）。

燃料電池因費用高，所以運用層面早期主要作為太空梭的發電用途，21 世紀逐漸移植到汽車、民生用品。

---

### 小辭典

**燃料電池（Fuel Cell）**

1839 年，英國人葛洛夫（William Grove）發現燃料電池的原理，把電解水產生氫和氧的過程反向操作，就可以產生電力，而且過程中只會產生水跟熱兩種廢棄物，不會對環境有害。燃料電池功能就像一部發電機，把燃料經電化學反應，把化學能轉換成電能，燃料電池有很高的能量轉換效率與能量密度，因此續航力比一般電池高出十倍以上。主要應用範圍有：交通工具、住宅或備用電源、可攜式產品等三種。

---

表 2-6　鋰、燃料電池優缺點比較

| 電池 | 鋰電池 | 燃料電池 |
|---|---|---|
| 一、電池種類 | 二次電池，即充電後可再次使用 | 二次電池，即充電後可再次使用 |
| 二、電力來源 | 外來電源 | 如同一台小型的發電機 |
| 三、使用期間（續航力） | 鋰電池使用時限很難超過五小時，技術已遇瓶頸。 | 只要補充燃料（例如氫、甲醇）即可再生電力 |

商機無限

2006 年底，美國 ABI 研究公司預測，全球燃料電池市場將由 2004 年的 3.75 億美元，快速成長至 2013 年的 186 億美元。如果汽車燃料電池的技術有所突破，2013 年的需求更可能倍增至 350 億美元。由圖 2-2 可見，油電混合動力汽車、燃料電池汽車可能發展的進程。

2008 年 6 月，本田日本公司生產出零污染的氫燃料電池車，這款名為「FCX Clarity」的四人座汽車靠氫和電運轉，只排放水蒸氣，燃料效率比汽車油動力車好三倍，也比油電混合車省油兩倍。

本田美國公司執行副總裁孟岱爾（John Mendel）說：「這是燃料電池科技史上重大的日子，我們朝燃料電池車成為主流的那天，邁進了一大步。」

本田打算未來三年生產 200 輛，初期只供人租用，這款車是依據本田上一代**氫燃料電池汽車**（簡稱**氫氣汽車**）「FCX 概念車」打造。[32]

本田執行長福井成夫表示，本田發展策略以油電混合為核心，其次是燃料電池，然後是潔淨柴油。本田不考慮嘗試發展電動汽車，因為受限於兩大瓶頸，即行駛距離太短和充電時間太長，因此電動汽車前景非常有限。[33]

### 對鋰電池電動汽車的看法

鄭崇華和海英俊都坦言,電動汽車的問題仍多,光是安全性就是最大的考量,「密度」也是問題之一,加上電動汽車普及後,鋰電池的「鋰」原料根本不夠用。我認為氫動力汽車要普及至少要等到 2020 年,詳見圖 2-2。

2009 年 11 月 25 日,鄭崇華認為,台達的「秘密武器」是「超級電容」,採取「油電混合」的方式,把超級電容跟電池搭配使用,則電池壽命可以增長很多。超級電容的面積,不過像一

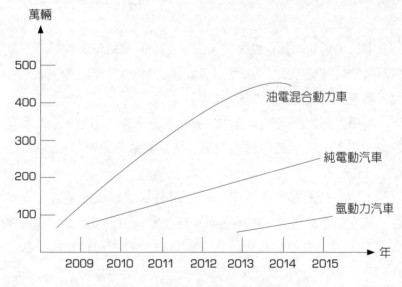

圖 2-2　三種生態汽車的銷量預估

資料來源:張保隆、伍忠賢,科技管理──實務個案分析,五南出版,圖7-3。

張名片大，但可以在 1 分鐘內快速充電，可以先應用在可固定充電的公車系統。

對於入股順達科（3211），海英俊首度表達其考量。他表示，這是「進可攻、退可守」的作法，「進可攻」是指台達未來在產品研發策略大幅轉向，不再完全自行研發，而會尋找好的策略夥伴，選擇順達也是希望未來的氫電池能應用在車用電池；「退可守」意味著順達本身就是好公司，可做投資標的。[34]

2010 年 2 月，蘋果公司推出平板電腦（Tablet PC），順達取得電池的獨家供貨資格，此外，也供貨給惠普集團。

### 推出油電汽車動力系統

2009 年 11 月 26 日，台達趁著大陸工信部副部長婁勤儉造訪之際，首度對外展示汽車業最核心的「油電車 / 電動車之整車動力系統」，經過實駕測試，該具引擎每公升汽油行駛可達 20～30 公里，僅為汽油動力引擎的三至五成油耗，而且 100KW 的馬力以及高達 830Nm 的扭力，等同於超級跑車水準，推動 1,660 公斤的車體可說游刃有餘。

台達在電動車布局將先以大陸為主，已跟奇瑞、吉利等數家大陸汽車公司洽談合作。執行長海英俊指出在 2012 年時，汽車電子事業部將可貢獻百億元以上營收。[35]

### 台達在燃料電池的努力

2003 年，經濟部技術處推動的「軍品釋商科專計畫」，台達

研發經理胡勝彥表示，當初決定跟中科院合作，是為避掉開發過程屢次的失敗導致經費過多投入的風險，最大誘因是未來可觀的民生衍生性商機。

台達跟中科院第五所共同開發的是「燃料電池」，該項計畫已於 2005 年結束，中科院已完成先期研發技術再移轉給台達。[36]

# 伍、台達在節能產品的佈局 III：LED 燈泡

家庭、辦公室用電，有一成耗在照明，偏偏從愛迪生發明以來的白熾燈，就是能源效率很差的照明方式。在節能浪潮中，「燈」最明顯，隨手關燈的節流措施省不了多少電，還不如提高燈的能源效率。

在這方面，台灣有很多因集團積極介入，例如鴻海集團由鴻準做中游、沛鑫組裝，大量攻進大陸各省市的路燈；奇美電偏重背光模組的用途。台達在 LED 燈泡可用「爭先恐後」來形容；鑑於 2004 年起，台達在液晶電視背光模組中冷陰極管的優異表現，在 LED 燈泡也可望佔有一席之地。

## 台達冷陰極管奠定照明厚實的基礎

從美國的愛迪生發明白熾燈起 140 年來，燈泡掌握在荷商飛利浦、德商歐司朗和美商奇異照明等三家公司手上，後起之秀很難撼動它們的地位。

　　在本節中，至少 2004 年起，台達在沒有多少基礎下，進軍液晶電視用的冷陰極管（詳見表 2-8），而且發展速度極快，一度幾乎追上台灣龍頭威力盟（3080），2007 年營收 60 億元，更何況威力盟有個富爸爸友達（2409，佔威力盟出貨 71%）撐腰，台達第二電源事業群照明事業部於 2004 年排除了日本技術的授權，採內部研發自動化生產方式，成功地發展出冷陰極管生產線，在最短的期間內達到損益兩平。

　　莊炎山笑著說：「二年前你也沒想到台達會作冷陰極管吧！」[37]2007 年，營收約 50 億元，追到威力盟的八成，可說表現優異。2005 年，台達便訂出 2008 年累積設立 32 條生產線，目標是台灣第一大。[38]

　　2009 年 12 月 3 日，台達宣布 2010 年 3 月終止冷陰極管業務，對合併報表造成 8.65 億元的資產減損。

### 白熾燈泡最耗電

　　白熾燈泡內的鎢絲工作溫度可以達到 2200℃，進入燈泡的能量中，大約只有一成被轉換成可見光，其餘的九成都以熱能的形式輻射出來。

　　省電燈泡的效率大約是白熾燈泡的四倍，一顆 26 瓦的省電燈泡，其亮度大約等於 100 瓦的白熾燈泡。省電燈泡仍然存在某些缺點，例如有些人會覺得省電燈泡發出的光線太過刺眼。

　　鑑於 LED 有省電、體積小、無汞、減少模糊影像、壽命長和固態光源耐震耐衝擊等優點，因此被認為具開發潛力的背光源。

在新能源產業被稱為「亮晶晶的鑽石股」。LED 一流明（lumen，
流明越高，亮度越亮）耗電 0.028 瓦，日光燈約 0.05 瓦。

2008 年 4 月 22 日，選在世界地球日當天，中共財政部與國家
發改委公布的聯合聲明中表示，雙方決定以政府補貼，初步選定
13 家中外燈泡公司，生產 5,000 萬個省電燈泡，逐步淘汰螢光燈
管和燈泡。以落實「十一五的節能減碳」目標。

在聲明中說：「如果把在使用的白熾燈全部替換為高效照明
燈泡，每年可節電 600 多億度，相當於節約 2,200 萬噸標準煤，減
少二氧化碳排放 6,000 萬噸，二氧化硫排放 59 萬噸。」[39]

## 台達在 LED 燈泡的佈局

台達在 LED 燈泡的佈局，想左右逢源，除了 2005 年站穩的
背光模組光源，即以 LED 燈管取代冷陰極管；另一方面，也想進
軍照明市場，以 LED 燈泡取代普通燈泡（即白熾燈泡），詳見表
2-7。

表 2-7　台達在節能燈泡的佈局

| 電能效率 | 燈泡 | 燈管（以顯示器的背光模組為例） |
|---|---|---|
| 50%<br>40% | 台達的 LED 燈泡<br>省電燈泡 | 台達的 LED 燈管<br>熱陰極管（HCFL，俗稱 T-5 燈管）<br>冷陰極管，主要用於筆電、液晶電視的<br>背光模組<br>日光燈 |
| 10% | 白熾燈泡 | |

在台達零組件事業群中，光學零組件事業處處長由張紹雄領軍，主要還是基於技術方面的考量。

在 LED 背光源方面，台達早已組成專業研發小組，2006 年時已進入送樣給客戶的階段，跟 LED 公司相較，進度可說並駕齊驅。

2006 年 5 月 18 日，台達股東大會中，鄭崇華表示，現階段 LED 因為還有散熱的技術問題，以及價格高昂的因素，因此短時間內並無法取代冷陰極管，預估冷陰極管至少還有四、五年的好光景！縱使 LED 背光源發達起來，但仍無法取代冷陰極管，因為雙方的競爭優勢各有不同。[40]

有很多燈泡公司推出傳統 E27 燈頭的 LED 燈，但是這些 LED 燈泡為解決散熱問題，都產生一個共通問題，就是使用很大的散熱器從背面散熱。這麼一來，LED 就被限制成只能做聚光燈或下照燈，放不進現有的燈具，或是會破壞燈具的整體美觀。

台達以獨特的散熱結構設計，使散熱效果比市面上 LED 燈泡高 25%，燈外型跟傳統的鎢絲燈泡或省電燈泡近似，可直接放進現有燈具中。

以台達 5W LED 燈泡為例，流明數相當於市售 25W 白熾燈泡，省電達 80%。

台達 LED 燈泡演色性超過 80%，可顯示出更豐富的色彩，大幅改善省電燈泡為人詬病演色性不佳的問題。

## 成長方式（兼論技術取得方式）

台達在 LED 方面，採取策略聯盟（合資、合作）方式補強自己的劣勢。

在技術取得方面，以自主研發為主，以合作研發為補。

鄭崇華畢業於成功大學電機系，華碩董事長施崇棠跟他是台灣電子業中少數工程師性格明顯的董事業，向來重視技術突破。由於董事長的躬行實踐，所以研發經費高，研發密度常在 6% 以上，比率算很高，台達自豪隨時有二千位研發人員在做研發。

鄭崇華也喜歡跟國內外大學、研究機關合作研發，台灣第一所照明機關研究所是 2008 年 8 月成立的中央大學照明與顯示科技研究所。早在 2003 年便成立 LED 固態照明研究群，擁有許多先進方法、專利。該所大樓便是鄭崇華私人捐獻 2 億元所蓋，此外台達也有許多研究案跟該所進行。

### 不能小覷的技術稟賦

一般而言，電子產品可分為三大技術領域：「機（械）、電（子）、光（學）」，LED 照明即屬於 LED 光電業，太陽光電、液晶光電的交集點主要在於「光」、「電」。由表 2-8 第三欄可見，台達有深厚的技術稟賦，有三兩三，才敢上梁山。

表 2-8　台達進軍 LED 照明的布局

| 技術 | 模組 | 占成本比重 | 技術稟賦 | 在 LED 業的合資合作等策略聯盟 |
|------|------|------------|----------|------------------------------|
| 一、光 | | 40～50% | | |
| | (一)LED 光源 | | 1.2004 年，成立翰立光電，投入有機發光二極體（PLED）開發，想作為 7 吋以下面板的背光模組，但虧損累累。 | 1.在磊晶晶粒方面<br>2.跟晶電（2448）合作。<br>3.LED 封裝 2008 年 1 月，以 1.6 億元入股艾笛森（3591），另外還入股海立爾。 |
| | (二)日光燈光源 | | 1.2004 年，台達跨入冷陰極管（CCFC）。<br>2.2006 年 3 月 6 日，台達跟奇美電子（3009）合資 20 億元，成立奇達光電，研發無汞平面背光技術。 | |
| 二、電 | (一)IC 模組 | 10% | | 1.驅動 IC 2008 年入股聚積（3527）。 |
| | (二)電源管理 | | 1983 年 6 月投產，1996 年 3 月全球第一。 | |
| | ·電源供應器<br>·電子安定器 | | 1983 年推出照明驅動器（inverter）。<br>2007 年，供應 LED 電子安定器給奇異照明公司。 | 2.IC 模組 2008 年入股 IC 模組公司同欣電（6271）。 |
| 三、機 | (一)散熱模組 | 15% | 1988 年左右，台達推出「風扇暨精密馬達」，風扇是指散熱模組中的散熱風扇。 | 2008 年入股 LED 散熱模組公司能緹（3512），另能緹 43% 營收來自燈具，主要是機殼。 |
| | (二)機殼 | 15% | 1988 年左右，台達想 | |

表 2-8　台達進軍 LED 照明的布局（續）

| 技術 | 模組 | 占成本比重 | 技術稟賦 | 在 LED 業的合資合作等策略聯盟 |
|------|------|-----------|---------|------------------------------|
| | | | 進軍個人電腦的準系統市場，跟台灣第二大機殼公司富驊在美合資 2,700 萬美元，設立 DXT 公司，做準系統組裝，測試，也建立塑膠及金屬成形生產線。 | |
| 四組裝 | | | 2008 年 2 月，成立數位看板視訊事業部。 | |

　　台達靠電（尤其是電機五大項技術能中**電源管理**）起家，1980 年進軍光學元件，2004 年進學「光源」領域（即冷陰極管、有機 LED）。此外針對機械部分，台達強項在散熱模組，至於「機殼」（核心能力在於模具、表面處理）也不差。

　　最後在 LED 產品的組裝能力方面，為了搶下數位看板的龐大商機，2008 年 2 月，台達成立數位看板視訊事業部，有產品組裝、架設施工能力。台達挾其在電源、散熱的技術優勢，以及在光電與材料的經驗，未來在 LED 照明的競爭優劣應會優於其他 LED 公司與傳統照明公司。

　　台達在 LED 方面較弱，主要透過合資（對小公司）、策略聯盟（對大公司，像晶電）來補自已的短，詳細布局請見表 2-9 中第四欄。台達發展 LED 產業，擁有從晶粒到下游應用系統垂直整合的優勢，沒有侵權的風險。[41]

## 產品多元化，既深又廣

「產品會說話」，因此台達在 LED 照明燈泡的努力，可由表 2-9 看出，2007、2008 年是觀摩年，2009 年 1 月 13 日，由鄭崇華親自展示 14 款產品，家用路燈用皆有，有廣度也有深度。

表 2-9　台達 LED 照明用燈的發展進程

| 用途 | 2007 年 | 2008 年 | 2009 年 |
|------|---------|---------|---------|
| 一般照明 | 2007 年 10 月 24 日，在橫濱國際平面顯示器展中，推出立燈、枱燈與壁燈等色溫可調的室內輔助照明燈具，進入 LED 泛用照明市場。 | 台達開發節能的 5、9、12 瓦 LED 燈，在 2008 年 4 月的法蘭克福國際 Light Building 2008 大展中，接到一些訂單。<br>7 月，整體發光效率提升到每瓦 70 流明的輸出，在環保節能產品中相當具有代表性，可完全取代電子式省電燈泡，這是台達的重大突破。<br>台達的 LED 燈使用 E27 燈座，外觀尺寸相同瓦特數的電子省電燈泡接近，因此可以直接替換白熾或電子省電燈泡，相當方便：不像其他公司的視狀 | 2009 年 1 月 13 日全球首創內建全幅無段相位式可調光（Full-range-stepless phasedimming）的 LED 照明產品。 |

表 2-9　台達 LED 照明用燈的發展進程（續）

| 用途 | 2007 年 | 2008 年 | 2009 年 |
|---|---|---|---|
| 特殊照明<br>（主要指路燈） | | 燈泡那麼必須換燈座。 | 2009 年 1 月 13 日<br>・太陽能發電 LED 路燈<br>・LED 路燈，號稱台灣效率最高路燈，在次要幹道的照明路燈中，是唯一符合標準規格的公司。 |

### 2007 年 10 月，初試啼聲

台達零組件事業群先進光源（從來改名固態照明）事業部處長江文興表示，台達致力於跟工研院合作開發 LED 產品，這項 LED 背光源技術可應用在許多產品，包括手機，大至戶外看板、液晶電視（32、40、42 吋）的背光模組，以及室內外皆可的泛用光源（即照明模組）等。2007 年 10 月 24 日在橫濱國際平面顯示器展展出，跨入 LED 背光源市場。

台達開發出單一 LED 得到最大的均勻出光角度的先進光學產品，具有省電、散熱性能佳、色域範圍廣與節省使用 LED 數量等特點。台達擁有「雙源分色混光複合式」與 LED 背光模組的設計

能力，可開發液晶電視背光模組。[42]

### 開啟照明的新紀元

2009 年 1 月 13 日，台達宣布開發完成全系列先進節能的 LED 照明產品，展出戶外、功能與室內應用的三大類 14 種 LED 燈具，鄭崇華親自展示產品，開啟了台達 LED 照明之年。鄭崇華表示，對於 2009 年全球景氣不佳，電子產業需求減少，希望藉由太陽能和 LED 等產品，填補電子產品銷售的落差，成為營運成長動力之一。[43]

台達零件事業群總經理許榮源表示，LED 照明產品有下列三大特色：高效率、直接取代性與內建可調光性能。戶外照明有二個 LED 路燈系列，應用於一般 8 米高路燈座。SLDT 系列為開放式架構，是台灣第一盞具備 CNS15233 等級效率燈具及最高功率因數 97%，採用自然對流散熱，光源模組化設計，更利於不同法規及光型需求的模組更新替換與運輸。

SLDN 系列為閉合式架構，採用相轉換熱管導熱的熱源分離自然對流散熱，光源模組化可由透鏡設計來快速變更光型，是結合能緹、齊瀚跨領域開發成功案例。[44]

江文興表示，LED 照明產品從設計效率、安全、低成本、材料回收，以及外觀設計為出發點，也特別著重人性化的使用，大幅縮短科技跟人性間的距離，提升產品便利性，而且使用無鉛製程，完全不含汞，符合歐盟 RoHS 規範，這符合鄭崇華一再推動的環保節能理念，可降低對地球環境的衝擊。[45]

## 消費市場

台達進軍消費市場方式不明，主要可能是接代工訂單。

## 業務用市場

### 台灣市場

台達自從拿下高雄世運村和台中火力電廠各 1MW 和 1.5MW 的太陽能發電系統標案，逐步進軍政府標案市場的信心。企業訊息處長周志宏表示，以往隨著各國政府陸續公布 LED 路燈等相關規範（主要指產業標準），「這就是台達的強項」，將大舉進軍。[46]

LED 系統整合部份，也剛好能發揮台達十多年累積下來的「電轉光」技術。「一般 LED 整合廠，最大的問題就是不懂電。」江文興說。

台達已經跟大陸東莞及吳江的政府談好，將選擇一條道路讓台達設置 LED 路燈，2009 年 10 月取得桃園市大興西路 LED 路燈標案，也在跟台北市爭取做 LED 路燈的示範道路。台達 LED 研發小組更跟太陽能系統小組設計出結合太陽能發電及 LED 路燈。[47]

### 海外市場

台達布局 LED 路燈重點放在大陸和歐洲的西班牙市場，2009 年 5 月可出貨 8 米及 12 米桿路燈，10 月，日本市場推出可調光 LED 燈，是台灣首家替日本公司代工的公司。台達在全球據點眾

多,跟各國政府關係良好,例如長期配合西班牙政府發展太陽能產業,LED 路燈生意將快速增溫。[48]

## 經營績效

張紹雄表示,2008 年 LED 對台達沒有營收貢獻,2009 年開始小量出貨,對營收貢獻比重仍相當低,需要 1～2 年耕耘才會看到成果。

2009 年 7 月推出一般照明燈具,考量分散光源因素,跟其他業者不同,台達採取低功率 LED,由 6 顆 LED 組成一個燈條,一個燈泡使用 36 顆 LED,售價 400 元左右。[49]

## 第3章

# 鄭崇華的經營管理能力

LED 燈雖然價格仍貴，但已經證明應用在路燈上是可行的，相較於傳統的水銀等，耗能只有四分之一，而電流只要四分之一，意味著銅線也只要四分之一。展望未來，價格還會持續下探，效率也會越來越好。至於大陸推動的「十城萬盞」計畫，他認為潛力龐大，但目前的規格仍未統一，未來還是需要先建立標準才行。

人類的文明與紙張息息相關，但持續砍樹的結果則是帶給環境傷害，因此開發電子紙也是一種環保。

鄭崇華

《工商時報》，2009 年 7 月 11 日，A9 版

# 內行看門道

經營公司是滿複雜的事，我不願像一些專家一樣抓住一、二點，便像瞎子摸象的說：「我知道象像什麼」。然而，也不可能「道可道，非常道」的去「故弄玄虛」或「作文比賽」。

在本章中，我用三個量表來分析鄭崇華經營能力的強弱處。

　‧表 3-4，董事長經營能力量表；台達鄭崇華跟光寶宋恭源比。

　‧表 3-7，柯林斯《從 A 到 A⁺》書中的項目，鄭崇華跟鴻海集團郭台銘比。

　‧表 3-8，華碩集團董事長施崇棠的一、二、三流企業量表，表 3-9，台達跟日本豐田汽車公司比。

在本章之肆，說明台達的公司治理；本章之伍，說明台達集團的組織設計和人事。

# 壹、鄭崇華經營能力總評

鄭崇華可說是獨樹一幟的經營者，但是討論到其經營能力時，卻必須有心電圖、超音波、血液檢查等健檢方式來處理；詳見第二段。

在本節中，套用我在 2002 年所提出的企業家經營能力量表，客觀的來給鄭崇華的經營能力打分數。以光寶集團（2301）董事

長宋恭源作為對照組,由表 3-4 可見,鄭崇華得分 50 分,宋恭源 42 分,鄭崇華略勝一籌。

《天下雜誌》一年一度的標竿企業聲望調查,就像是企業核心能力 360 度大檢驗,不僅顯示企業現階段的經營實力,也反映企業掌握未來變化的潛力,以及滿足社會期待的程度。要脫穎而出,真的不容易,見表 3-1。

標竿企業的美名之所以難得,就是因為不是只看一般的財務、營運、投資價值,還要檢視企業運用科技、吸引人才、擔負企業公民責任、前瞻與創新等能力。

在十項指標中,前瞻能力、創新能力、顧客導向的產品與服務品質,一向是企業與專家認為標竿企業應該具備的最重要能力。但是總的來說,在標竿企業實際的得分上,企業的前瞻與創新能力卻是在倒數的位置。顯然,即使已經是標竿企業,前瞻、創新仍是很大的挑戰。在 2007 年整體標竿企業的評分上,進步最多的就是跨國界的國際營運能力,從 2006 年的第八名,上升到第四名。

在不分行業的「十大標竿企業」,大抵由台積電、鴻海、華碩、宏碁等公司上榜。一年進進出出個幾家,2009 年台達首次打進總排行榜,位居第八名。至於各行業只取一名的標竿企業,台達在電子行業中連莊。

表 3-1　2008～2009 年十大最佳聲望企業

|  | 2008 年 | 2009 年* |
|---|---|---|
| 1 | 台積電 | 台積電 |
| 2 | 聯發科 | 鴻海 |
| 3 | 宏達電 | 聯發科 |
| 4 | 鴻海 | 台塑 |
| 5 | 德州儀器 | 宏碁 |
| 6 | 華碩 | 宏達電 |
| 7 | 統一企業 | 統一 |
| 8 | 統一超商 | **台達** |
| 9 | 友達光電 | 廣達 |
| 10 | 中國鋼鐵 | 統一超商 |

*資料來源：《天下雜誌》，2009 年 10 月 21 日，第 175 頁

## 最佩服企業家的前十名

　　《天下雜誌》每年 10 月公布「十大標竿企業家」名單，2007年唯一新入榜的企業家就是鄭崇華，這也是他創辦台達 36 年來第一次入榜。

　　「鄭崇華是位被低估的企業家。」台灣大學 EMBA 執行長李吉仁語重心長地說，因為，台灣很少有企業家有意識、有意願投資累積公共的財富。

　　台達因製造電源供應器起家，近年對於節能、環境的投入越來越多，許多相關的研發其實不是純商業的考量，李吉仁觀察，是希望能夠提升能源應用整體的發展，然而，願意這樣做的企業

真的不多，大家對他們的關注也不夠多。[1]

　　由表 3-2 可見，鄭崇華可說是 2007 年最佩服企業家裡的「新生」。他得分最高的前三項指標如下：「積極從事社會公益、注重環保」、「良好的管理能力與經營績效」和「對產業環境、經濟發展有貢獻」。2008 年時，鄭崇華排名前進一名，第三項指標換成「前瞻性的策略思考和創新能力」，2009 年躍居第五名，得分的第三項指標跟 2007 年時相同。

## 經營管理能力評分

　　很多人是媒體的寵兒，在光量效果下，反倒不容易看清本體的大小，此外，許多調查只是憑受訪者主觀的感受，而且跟各行

表 3-2　企業家最佩服的企業家排名

| 企業家 | 2004 年 | 2005 年 | 2006 年 | 2007 年 | 2008 年 | 2009 年* |
|---|---|---|---|---|---|---|
| 郭台銘 | 3 | 2 | 1 | 1 | 2 | 2 |
| 張忠謀 | 2 | 3 | 2 | 2 | 1 | 1 |
| 王永慶 | 1 | 1 | 3 | 3 | 3 | － |
| 施振榮 | 4 | 4 | 4 | 4 | 4 | 3 |
| 許文龍 | 5 | 5 | 5 | 6 | 5 | 10 |
| 施崇棠 | 8 | 7 | 6 | 5 | 6 | 8 |
| 李焜耀 | － | 8 | 7 | － | － | － |
| 高清愿 | 7 | 10 | 8 | 7 | 8 | 9 |
| 張榮發 | － | － | 9 | 9 | － | － |
| 嚴凱泰 | 10 | 6 | 10 | 8 | 7 | 6 |
| **鄭崇華** | － | － | － | 10 | 9 | **5** |

*資料來源：《天下雜誌》，2009 年 10 月 21 日，第 189 頁。

各業相比，意義不大。

　　為了避免這些缺點，我依本人在 2002 年所提出的企業家經營能力量表來評估鄭崇華的經營能力，推得 49 分，這個量表是由七個項目組成，底下依序說明鄭崇華在各項的得分及其依據，詳見表 3-4。

　　台達跟光寶科（2301）被記者稱為電源供應器雙雄，其中台達又稱為電源一哥，雙方基本資料詳見表 3-3。

表 3-3　台達鄭崇華跟光寶宋恭源比較

| 項目 | 台達集團與鄭崇華 | 光寶集團與宋恭源 |
|---|---|---|
| 出生 | 1936 年 | 1942 年 2 月 4 日 |
| 學歷 | 成功大學電機系 | 台北工專電子工程科（現改制為台北科技大學電子工程系） |
| 公司主要產品 | 電源供應器（55%）、零組件（22%） | 電源供應器等（50%）、電腦與網路產品（26 元）、影像產品（24%） |
| 2008 年集團營收（億元） | 1426 | 2619 |
| 員工 | 6 萬人 | |
| 盈餘（億元） | 171 | 84.9 |
| 股票上市公司 | 乾坤科技（2452）、泰達電（在泰國上市）、達創科技（2009 年 9 月 28 日在香港下市，可能申請在台上市）、旺能光電（3599） | 建興電（8008）、敦南（5305）、閎暉（3311，手機按鍵）、力信（2469） |

表 3-4　企業家經營能力量表

| 評分方式 | 0 | 1 | 2 | 3 | 4 | 5 | 6 | 7 | 8 | 9 | 10 | 鄭崇華得分* | 宋恭源得分* |
|---|---|---|---|---|---|---|---|---|---|---|---|---|---|
| 1.市場占有率(排名) | 11 | 10 | 9 | 8 | 7 | 6 | 5 | 4 | 3 | 2 | 1 | 10 | 7 |
| 2.獲利率(三年 ROE 平均) | | | | | 5%以下 | 6~10% | 11~15% | 16~20% | 21~30% | 31~35% | 36%以上 | 8 | 6 |
| 3.多角化程度(產業專業能力) | | | | 水平 | | 垂直 | 同心圓式 | | 複合式 | | | 5 | 5 |
| 4.國際化程度 | | | | | — | 2 國 | 3 國 | 4 國 | 5 國 | 6 國以上 | | 6 | 6 |
| 5.事業策略種類(策略能力) | | | | 1 種 | | 2 種 | | 3 種 | | 4 種 | | 7 | 5 |
| 6.成長方式(主要是成本領導) | | | | 內部發展 | | 策略聯盟 | | 收購 | | 合併 | | 6 | 7 |
| 7.公司壽命 | | | | 10年以下(臺一花一現) | 11~21年(不及一代) | 21~30年 | 31~40年(一代) | 41~50年(二代) | 51~60年 | 61年以上(三代以上) | | 7 | 6 |
| | | | | | | | | | | | | 小計：49 | 42 |

推論：

| 極差 | 差 | 及格 | 佳 | 優 |
|---|---|---|---|---|
| 30以下 | 31~40 | 41~50 | 51~60 | 61~70 |

資料來源：伍忠賢，策略管理，三民書局，2002 年 6 月，第 84 頁表 3-3。
* 為本書所加。

## 市場占有率：世界第一

　　台達有三個產品是世界市占率第一：商用電源供應器、變壓器和直流風扇，這些零組件對絕大多數的電子產品是不可或缺的；三大遊戲機 PS3、Xbox360、Wii，原本廝殺激烈的對手，也在台達這個供貨公司身上「統一」了，因為它們都需要台達的零組件支援。2007 年，電源供應器出貨了 1.8 億台，2008 年高達 2 億台了。

　　此外，風扇也居全世界第三大，網路設備、各種電子元件，都占有世界產業供鏈上不可或缺的重要地位，2007 年全球市占率突破 10%。

　　最終獲利率指標是「權益報酬率」，以過去三年平均值來看比較不會犯了「一葉落而知秋」的局部繆誤。光以台達（即不考慮合併報表）來說，2006～2008 年各為 16.24%、20.97%、25.19%，平均值 20.8%，依表上得分數來說得 8 分。

## 多角化程度

　　由表 1-2 可見，台達看似有 6 家事業級子公司，不過合計營收 200 億元，約只有集團的 14%。

　　那麼台達集團的主體還是台達，而台達本業為電源（佔營收 55%）、零組件（佔營收 17%），合佔營收 72%。視訊事業群占營收比重逐年小幅增加，但是比重有限，總的來說，台達一直想做到垂直多角化，也就是「起於零件，進而模組，終於組裝」，

但是組裝方面要靠量產規模，在這方面，台達還有待加把勁。

# 國際化程度

台達國際化程度可從核心活動所涵蓋的國家範圍來分析。

### 生產

主要在大陸（占六成以上），其次是泰國，至於台灣、墨西哥、歐洲斯洛伐克所佔比重不高。

### 研發

主要在台灣，其次在上海。

### 業務

台達在大陸上海的中達可說是「次集團」級，但是業務早已國際化。

# 事業策略種類

事業策略主要指的是修正版波特競爭策略，包括圖 2-1 中的成本集中、成本領導、差異集中與差異化中四項。在這方面，台達最擅長「以價取勝」的成本領導。採取削去法，則約具備 3 種事業策略能力，可得 7 或 8 分；保守一點，評定得 7 分。

一般來說，從事公司併購，面對不同地區（例如海外），不同行業、不同企文化，對於經營管理的難度更高，所以依成長方式來衡量管理能力。

台達雖然標榜以自主研發為主，但是「聽其言，觀其行」，卻是非常喜歡採取外部成長方式，以取得訂單或技術。因此在「成長方式」方面，我給台達 6 分，但因金額不大，（2003 年以 1.1 億美元收購歐洲 Ascom 公司旗下子公司 AES，2007 年改制成台達第六事業群）所以給「收購」一項 4～6 分中的上限。

相形之下，由表 3-5 可知，光寶集團的宋恭源很喜歡利用公司併購方式來搶訂單、進軍新行業。

## 公司壽命

公司壽命有二個指標，一是公司成立時間，此點台達成立 38 年，依表上項目來說，得 6 分；一是公司董事長的經營傳承，2003 年，鄭崇華把執行長一職交給海英俊，公司經營進入「第二梯」，憑著這一點，此項得分再加 1 分，小計 7 分。

表 3-5　光寶集團公司併購活動

| 年 | 月 | 公司併購活動 |
|---|---|---|
| 1999 | | 收購致福（2322，當年致福虧損 57 億元） |
| 2002 | 6 | 把旗下旭麗電子（2310）、致福、源興（2346）跟光寶電子合併，合併後改名光寶科技，俗稱光寶四合一。 |
| 2007 | 4 | 旗下建興電收購明碁光碟機事業部，不過營收只增加 10%。 |
| 2007 | 8 | ・花 125 億元，收購全球最大手機機殼公司芬蘭的貝爾羅斯（Perlos）<br>・收購安華（Avago）紅外線（IrDA）事業部。 |

## 貳、鄭崇華的經營管理能力分析：柯林斯 《從 A 到 A⁺》的運用

鄭崇華的經營管理公司能力如何？我想學以致用，採用一種你我都熟悉的暢銷書方式，如此就可以省掉重新介紹的篇幅。

「上窮碧落下黃泉」，我把幾本有關美國「長壽」公司的經營管理之道暢銷書的重點依時間順序整理，得到表 3-6 的結果。

總之，這三本書的結論跟麥肯錫顧問公司套用**修辭策略**所提出的成功企業七要點（7S）如出一轍，簡單的說，「天下並沒什麼新鮮事」，也就是**成功企業只是把公司管理得很好罷了**！從表 1-5《富爸爸窮爸爸》十個致富原則，到表 3-6《從 A 到 A⁺》、台達的研發管理，都是「一以貫之」的道理。

---

**小檔案**

**詹姆斯‧柯林斯（James Collins）**

出生：1958 年

現職：詹姆斯‧柯林斯企管研究實驗室負責人，1995 年在科羅拉多 Boulder 創立

學歷：美國史丹佛大學企管碩士

經歷：美國史丹佛大學創業講座教授

著作：《基業長青》、《從 A 到 A⁺》（*Good to Great*）（遠流出版，2002 年 9 月）

表 3-6 「長壽」公司的經營管理之道

| 英文書出版時間 | 1994 年 | 1997 年 | 2001 年 |
|---|---|---|---|
| 作者 | 詹姆斯・柯林斯（James Collins）與傑利・波樂斯（Jerry Porras） | 艾瑞・德・格斯（Arie de Geus） | 詹姆斯・柯林斯 |
| 書名 | 《基業長青》（*Built to Last*），中文版於 1995 年由智庫文化出版 | 企業活水（*The Living Company*） | 《從 A 到 A+》（*Good to Great*），2002 年 9 月，遠流出版 |
| 研究對象 | 18 家高瞻遠矚的公司（Visionary Company），包括美國 IBM、寶僑、日本新力等。 | 27 家公司壽命在 50 年以上的公司 | 11 家，由良好（A）進步到「成效卓著」（A⁺）的公司，且持續 15 年以上 |
| 結果 | 管理活動：目標：膽大包天的目標，「永遠不夠好」，即不易滿足，力求改善<br>1. 策略：利潤只是追求公司目的的手段<br>2. 組織設計：營造一個包容所有員工的環境，灌輸一貫、相互強化的信念<br>3. 獎勵制定：<br>4. 企業文化：教派般的企業文化<br>5. 用人：內升而少用空降外人<br>6. 領導型態：保存核心價值觀，刺激進步 | 1. 對環境變化非常敏銳<br>2. 具有高度凝聚力和認同感<br><br>3. 包容度高<br>4. 財務保守 | 1. 第五級董事長<br><br>2. 先找對人……，再決定做什麼<br><br>3. 史托克戴爾予盾<br>4. 刺蝟原則<br><br>5. 強調紀律的企業文化<br>6. 以科技為加速器<br><br>7. 飛輪：組織變革 |

# 從《基業長青》到《從 A 到 A⁺》

柯林斯在《基業長青》一書中,以美國 IBM、嬌生、惠普、寶僑和日本新力為例,說明這些「百年」公司因為有很好的創辦人,奠定公司厚實基礎(即基業),所以才能成為長青企業。

這些公司贏在起跑點,後生很難趕上。但是一般公司能否從績效平平(即 B、C、D)升格為傑出企業(A⁺ company)。這個可能性引發他研究女大十八變公司的興趣。

# 傑出(A⁺)企業

在 2001 年,美國出版《從 A 到 A⁺》(遠流出版,2002 年 9 月)的同時,柯林斯一魚兩吃,也把菁華部分投稿刊在 2001 年 12 月的《哈佛商業評論》上,文章名稱《第五級領導:謙卑與毅力的結合》。

從《財富》雜誌全球 500 大企業中篩選出 11 家從業績平平蛻變至卓越的企業,深入訪談及探索其成功之道。

傑出企業是挑選出曾經轉型過的企業,在轉型之前 15 年,公司股票的累積報酬率跟股市報酬率相當或較低,但轉型之後的 15 年,公司的股票報酬率至少是指數(道瓊或那斯達克)的三倍。柯林斯從 145 家企業中找出 11 家傑出的企業,例如金百利(生產尿布、面紙)總裁兼執行長史密斯、鋼鐵公司紐可(Nacor)等。

能夠由平凡走向偉大,而且持續成功 15 年以上的公司,它們的董事長全部有如一個模子打造出來。不論公司規模大小,不論

是陷入危機或保持穩定，消費品或工業品，提供服務或賣商品，這些企業在進行轉變時，都有第五級董事長掌舵。他們具有雙重人格特質：謙虛（不居功）又頑固（專業意志）、羞怯又大膽。

這項研究結果不僅出人意料，也跟傳統觀念大相逕庭。一般總認為，企業從平庸變偉大，需要艾科卡（1980 年代把克萊斯勒汽車公司反敗為勝）、稱威爾許之類，形象強烈的明星級董事長。

柯林斯從人格特質理論出發，以 11 家企業為研究對象，歸納出公司董事長（少數情況是總裁兼執行長）的能力可分為五級，詳見圖 3-1。**第五級領導**（level 5 leadership）位於企業經營能力層級的最高層，也是企業從平庸走向偉大的必要條件。但在第五級之下，由第一級到第四級，還有各具要領的四級能力。想要成為第五級董事長，除了要有第五級的特質之外，其他四級能力也都必須具備。

第五級董事長共同的特性就是謙卑而有毅力，低調但又不懼挑戰，有高度的謙卑特質，講話留三分，把公司的成功歸諸於管理階層，甚至運氣，但同時又有堅定的毅力，帶領管理階層接受挑戰。

2009 年 4 月，《哈佛商業評論》刊出德勤國際管理公司麥可‧雷諾等三人的文章「卓越公司只是好運？」我同意他們的看法，即「書上的卓越公司只是一時走運」與「不應該把企業成功案例的研究奉為守則完全照做，而是當成啟發與反省的素材。」[2]

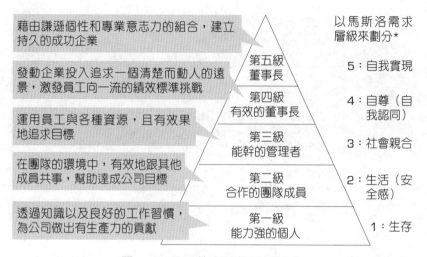

圖 3-1　公司董事長的五級能力

資料來源：吳怡靜，「第五級領導」，2001 年 3 月，第 256 頁。
＊《天下雜誌》，2003 年 1 月 15 日，第 177 頁。

　　本文嘗試把書中傑出公司的 7 大成功因素（跟麥肯錫公司 7S 一樣）予以量化，用來給鄭崇華打分數；至於對照組則同樣是以電子元件起家的鴻海團董事長郭台銘為例。

　　表 3-7 的滿分共 6 分，鄭崇華得 5.6 分，郭台銘 3.65 分，化成百分，鄭崇華 93 分（5.6/6），屬於第五級董事長，郭台銘 62.5 分（3.65/6），屬於第三、四級董事長。

　　由表 3-7 第 2 欄可見，柯林斯對第五級董事長的描述，本質上只是大一管理學中所指的「**規劃──執行──控制**」（一般人習慣用 PDCA 來形容）管理活動罷了。

表 3-7　鄭崇華與郭台銘在《從 A 到 A⁺》上的評分

| 管理活動 | 柯林斯《從 A 到 A⁺》對第五級董事長的描述 | 台達鄭崇華得分 | 鴻海集團郭台銘得分 |
|---|---|---|---|
| 一、規劃 | | | |
| 0. 目標 | | | |
| | (1)遠景領導；不採取遠景領導，頂多是「要對世界有貢獻，而不是成為傑出公司」 | 0.25 | 2003～2007 年，每年營收成長 30%，2008 年只有 19.5% |
| | (2)堅持使命 | 0.25 | |
| | (3)無私：一切為公司，成為一個理想 | 0.25 | － |
| | (4)奉獻 | 0.25 | 0.25 |
| | | | 0.25 |
| 1. 策略 | 有紀律的思考 | 0.8 | 1 |
| | (1)面對殘酷的現實要邁向卓越之路，必須先從誠實面對眼前殘酷的現實開始做起，同時打造能聽到真話的企業文化。 | 0.3 | 0.5 |
| | (2)堅持本（或專）業：即刺蝟原則，傑出公司有如刺蝟，把複雜世界化為單一系統化的概念或基本指導原則，充分實現貫徹。 | 0.5，台達本質上是電子零組件公司，很少過度多角化。 | 0.5，鴻海集團本質上是「電子代工公司」（EMS） |
| 2. 組織設計 | | | |
| 3. 獎勵制度 | 主管薪酬多少，跟公司是否傑出無關 | 1 | 0　鴻海集團一向以「敢給」聞名 |
| 二、執行 | 有紀律的行動 | | |

表 3-7　鄭崇華與郭台銘在《從 A 到 A⁺》上的評分（續）

| 管理活動 | 柯林斯《從 A 到 A⁺》對第五級董事長的描述 | 台達鄭崇華得分 | 鴻海集團郭台銘得分 |
|---|---|---|---|
| 4. 企業文化 | 建立有紀律的文化，即採取文化控制。把員工凝聚在一起的是企業文化，而不是遠景、策略。 | 1 | 0.5<br>號稱重視企業文化，但是外界喜以「軍事管理」來形容其過程控制 |
| 5. 用人 | 有紀律的員工 | | |
| | (1)任用第五級董事長<br>第五級董事長能為公司建立持久的卓越績效 | 0.5 | 0.4 |
| | (2)適人適所<br>如果這個職位需要爬樹，就直接去召募一隻松鼠，而不要去召募一隻火雞，再訓練牠爬樹。<br>選出正確的人，並且對員工嚴格訓練，才能負擔責任，不斷進步。 | 0.3 | 0.5 |
| 6. 領導型態 | 培養有紀律的員工，產生有紀律的行動，董事長不必具備特特殊魅力。<br>(1)意志堅強<br>(2)勇猛無懼<br>(3)宅心仁厚 | 0.25<br>0.2<br>0.25 | 0.25<br>0.25<br>0.25<br>對員工生活健康很照顧，對工作很賣力 |

表 3-7　鄭崇華與郭台銘在《從 A 到 A⁺》上的評分（續）

| 管理活動 | 柯林斯《從 A 到 A⁺》對第五級董事長的描述 | 台達鄭崇華得分 | 鴻海集團郭台銘得分 |
|---|---|---|---|
| | (4)謙虛為懷；談到公司的成功，都說「時運好，管理階層好，從不居功」 | 0.25 | 0<br>郭台銘是明星董事長，曝光率第一。 |
| 7.領導技巧 | | | |
| | 得分 | 5.6 | 3.65 |

在表上，共有 0～6 共六項，假設每項皆為一分，接著，每大項中如果還有細項，則依細項項目來平均細分，例如「目標」這大項中有「遠景領導」、「堅持使命」、「無私」、「奉獻」所組成，每細項各 0.25 分。

多數人認為通用電器的傑克・威爾許是當代偉大企業家，柯林斯覺得還難下定論，因為我們還不知道在他之後的通用電器集團是什麼局面。[3]

大部分公司董事長頂多停留在第四級，期能建構美麗遠景，鼓勵員工熱情追求。而大部分人也都必須經過人生歷練、悲歡離合、思考困頓，以及宗教信仰，才能成為第五級董事長。

一些董事長後來都從第四級跳到第五級，如沃爾瑪的創辦人華頓、IBM 創辦人華生，剛開始都是花俏無比，漸漸成熟後，就開始一心打造企業基礎，無暇顧及個人，才能錘鍊成永保傑出的公司。[4]

底下，僅根據外界資料，來簡單說明表中七大項，有些缺乏資料的，只好略過。

# 目標

在公司目標這項共有四小項，依序說明前三項。

### 不採取遠景領導

首先，我並沒有看到鄭崇華有「每年營收成長 30%」、「2007 年全球第一」等遠景。

柯林斯強調傑出公司頂多強調「要對世界有貢獻」，無獨有偶的，在 2008 年台達股東常會議事手冊董事長「營業報告書」（俗稱致股東書）中，鄭崇華寫出：「我們希望台達能成為真正令人尊敬的國際企業，並對社會帶來深遠且正面的貢獻。」

### 堅持使命

第五級董事長視責任、使命為理所當然，地位權力是種工具，幫助他們達到理想。

鄭崇華說：「公司創立三年多，就以環保做訴求。」翻開台達集團的簡介，鄭崇華唸出第一頁的經營使命：「提供高能源效率的創新產品，追求更好的生活品質。」鄭崇華跟員工遵行不悖。[5]

台達身為全球最大的電源供應器公司，但長久以來在手機電源領域「不怎麼用力」，也讓不少小公司找到生存空間，外界一

直不懂箇中奧妙。直到 2007 年 6 月 10 日，台達股東會中，鄭崇華透露出他個人因為考量到手機替換太快，造成環境嚴重污染，因此個人絕不買手機，連帶台達也比較少碰觸此一領域，也才讓外界恍然大悟。[6]

### 無私才會看重公司

現代管理學之父彼得‧杜拉克（Peter F. Drucker）在《下一個社會》（商周文化出版，2002 年 9 月）中，提出公司創辦人很容易掉入四個陷阱，其中之一是**「董事長把自己看得比企業還重要」**，這是最難處理的陷阱。當公司成功時，如果董事長自問：「我想要做什麼？我的角色是什麼？」最後必然會毀掉自己和公司，因為他關心的不是公司的需要。

為了避免淪陷自大的泥淖，董事長應該問「這時公司需要什麼？我有這種素質嗎？」

第五級董事長「無我」的投入，他們總是能夠找到傑出的接班人，希望看見企業能在下一代的領導下，更加欣欣向榮，卻絲毫不在意外界是否知道成功的種子當初是由他們所奠下的。相反地，第四級董事長往往無法為企業奠定持續成功的基礎；對這些董事長來說，公司如果在他們離開之後土崩瓦解，不正足以證明他們的偉大？

柯林斯的研究發現，對照組公司中有 75% 的董事長所挑選的接班人，不是在後來失敗，就是表現軟弱平庸。

2007 年 5 月，鄭崇華表示，「我現在的職務只是董事長而

已,其餘職務都已經拿掉了,公司的一切都已經交給執行長來運作,這些幹部們都接得很好。我認為,接班人要無私、要正派,海英俊就是這樣,是很好的人。接班人不能光走個人英雄主義,要肯照顧員工,對人誠懇。這些都能做到,很自然的接班就會很順暢。我認為,台達接班接得很順。」[7]

## 策略

有人形容台達包山包海,不易說出它是這樣的公司。但以「80:20 原則」來看,以 2008 年合併營收 1426 億元為例,55%來自電源供應器,其他也都是電子零組件,至於子公司旺能、達創、乾坤,營收小到不足以跟四大事業群之一相比。

簡單地說,台達是家以「機光電」中電機為主的元件公司。

## 組織設計

《從 A 到 A⁺》不把組織設計列為重大因素,因此本書也不作比較。

## 獎勵制度

台達不以高薪、員工分紅來吸引人才,頂多強調內部創業制度,讓員工有在公司內提出創業提案,以滿足「自我實現」的動機。

公司以鼓勵員工內部創業為政策,只有能力使開發的產品獲

得市場的肯定，有了穩定的營收來源，公司歡迎員工自行創立事業部。

「內部創業」（Intrapreneurship）這個名詞代表了兩個概念的結合。一個是「創業家精神」，其中包含極度的獨立性格，以及不照既有觀點和傳統想法行事的作風；另一個則是企業的資源。

## 企業文化

柯林斯認為「董事長最高境界，是神龍見首不見尾，你好像隱約存在，又好像不存在，部屬敬愛你，但不需要你。因為你已建立了一套企業文化，訂下紀律。當員工有紀律時，就不再需要層層管轄。你走了，部屬想念你，但他們沒有你，照常運作。」

此外，在《基業長青》一書裡，能夠長期茁壯的企業有一個特性，柯林斯稱為**「務實的理想主義」**。這些企業的核心價值觀和發展目標之中，並不只是追求利潤，而是具備一種社會或人文關懷的理念，根據這些觀念來引導企業的長期發展，從而提高企業文化；台達也符合此標準。

### 管理哲學

鄭崇華自認是一個行動派，說了就做，有時候不說，但大家知道就去做，凡事都是以身作則。他的管理哲學跟企業文化一樣，就是「品質、敏捷、創新、服務、合作」，踏踏實實地做事，一次就把事情做對，追求高品質，敏銳掌握及因應瞬息萬變的市場及環境變動，有效溝通，充分授權，合作無間，充分了解

並滿足客戶需求。[8]

　　鄭崇華在創立公司的時候，希望企業是什麼氣氛，而原任公司有什麼缺點，要去防止，如果上位者能以身作則，不要要求別人，別人也會對你很好，而問題都是在自己，要拿鏡子照照自己。[9]

# 用人

　　海英俊認為，台達的管理階層相當好，負責、努力、講得到的都能做到。看他們這幾年來的發展，可以發現他們所講過的策略規劃，跟後來的業績表現，都能夠連結在一起，顯示出執行力相當好。[10]

## 領導型態

　　領導型態至少分為四細項。

### 意志堅強

針對此點，我還沒有資料。

### 勇猛無懼

　　公司進行自主研發時最容易因看不到隧道尾的光而放棄，轉型也一樣，在這二點，我們都可以看見鄭崇華「樹頭站得穩，不怕樹尾起風颱」。

　　投入研發，「氣要長」也是鄭崇華的信念，他看好高分子有

機發光顯示技術（PLED），投資旗下翰立光電，儘管多年來都在燒錢的階段，但他仍力排董事會的壓力，堅持力挺，終於熬到他們成功開發出無汞平面背光源技術，並獲得奇美電子結盟合資新公司奇達光電。研發是條辛苦的道路，他總不忘要多鼓勵員工，「別的單位都在賺錢，燒錢的事業部的壓力是很大的。」[11]

### 宅心仁厚

奇美集團許文龍以追求員工幸福為第一要務，下午五點，全部奇美實業員工都要下班，回家享天倫之樂。相形之下，許多人對全球電子代工（EMS）之王，鴻海集團的感覺則是「操得很凶」。

有比較才容易看清彩色跟黑白的分別，從下面說明，即可看出鄭崇華的「不忍人之心」。

「當然，經營企業不能說叫員工過 easy life，但做電子代工真的很辛苦，我不希望帶員工走到那方向。」待人寬厚的鄭崇華，心中念茲在茲的都是員工、公司，甚至對同業也是如此。

舒維都（Victor Zue）是美國麻州理工大學資深研究員，在任職的 36 年當中，他接觸過形形色色的國際知名企業家，包括擔任美國微軟比爾‧蓋茲的顧問。其中，最令他佩服的企業家就是鄭崇華，「他的人格忠厚，為別人著想。從客戶、員工、股東、到社會環境，都是他所關心的。」舒維都精闢地點出鄭崇華的成功之道，「上樑正了，下樑不會歪。」[12]

## 謙虛為懷，謙受益

在有關董事長的研究中，遠見、勇氣、才氣、自信，甚至魅力是經常被提到的領導特質，但是「謙卑」並不是傳統上討論公司董事長時所著重的一個特性。「謙卑」被許多人當作是個人美德，但董事長所需要的是自信和能力，如果把「謙卑」應用在董事長身上，反而擔心「謙卑」成為軟弱的象徵，影響領導的效果。

為什麼傳統美德的「謙卑」是基業長青的必要條件？簡單的說，董事長謙虛，才不會形成「一言堂」、「官大學問大」，比較會承認部屬的重要性，會去聆聽他們的意見。

在台達 35 週年慶的產品發表會中，記者詢問鄭崇華 35 年來最感到驕傲的成就為何？他先謙遜地推說沒有，隨後才淡淡地說，「公司成長平衡、健康，沒有起起落落，是我最感到高興的事。還有海英俊、柯子興、梁榮昌他們 3 人接棒順利，讓我真的很快樂。」言談之間，樸實無華、標準的鄭氏風格再度展現無遺。[13]

2007 年，原本低調的鄭崇華在媒體的曝光率逐漸增加，鄭崇華說，那是因為過去他認為環保只要自己做就可以，現在則是由於環保的議題刻不容緩，需要大家一起來作，因此他才會出來呼籲。

2007 年 6 月 21 日，鄭崇華出席一項由台達發起的「夏至關燈」環保活動，該活動發動超過 65 萬人在 23 日夏至時進行關燈

動作，以喚起大眾對節能的關心。[14]

2008 年 10 月，《天下雜誌》票選鄭崇華為十大受尊崇企業家之一，「這是我最對不起台達的地方，」鄭崇華聽到第一次成為最受尊崇的企業家之一，靦腆低下了頭、令人意外地露出了歉意，說自己不擅於宣傳，才沒讓台達更有名一點。鄭崇華說：「以後應該多談台達，才能吸引更多好的人才來台達。」[15]

## 領導技巧

領導技巧並不在《從 A 到 A⁺》書中的項目上，不過我搭順風車的在這裡一併說明。

### 對幹部嚴，對員工慈

鄭崇華對基層員工非常的好，對主管卻非常嚴厲，他所持的看法如下。

清潔工人每天幫你把環境打掃得乾乾淨淨，我們當然要心存感激；在辦公室遇到基層員工，他們跟鄭崇華笑笑打招呼，鄭崇華也是笑笑回應，這些都是稀鬆平常的事。

公司管理是分層負責及充分授權的，所以鄭崇華不能看到底下的人做不好就去管，因為他不知道內情，不能片面去看一件事情，所有人都替台達做事，每個人都是平等的。可是對高層主管就不同，因為在組織設計上，鄭崇華有責任去管理這些主管，至於管理基層員工則是其他層級的主管應該要負責的。[16]

鄭崇華經常跟研發人員在一起工作，大家多聊天，就曉得每個人的強項、弱點在哪裡。當他在創業初期兼管工程部時不禁發現，他們有「文人相輕」的現象。研發人員通常都對自己很有信心，認為自己懂的，而別人不懂。事實上，只是兩個人懂的東西不一樣而已。他發現員工因工作安排不好，造成一些內部競爭，彼此間不太講話，他的工作重點就是「如何讓他們變成好朋友」。當時，公司有兩個研發高手，技術都很棒，懂的技術並不一樣，但是卻怎麼也合不來。他就想盡辦法，出差時故意把兩個人安排住在同一個房間；有時候參加讀書會時，就故意讓一個人讀前面一段，另一個人讀後面一段，強迫他們一起合作。當兩個人快要吵架了，他就去扮演溝通、協調的角色，最後他們兩人真的變成好朋友，而且開始互相分享。

當鄭崇華管理研發案時，會先評估哪一位研發人員可以把研發案做好，就把這個計畫交給他，但每一個人都有自己的專長與弱項，他會另外找一位研發人員去幫助他解決弱項，過程中不只是幫忙而已，而是讓他們彼此互相學習如何傳承經驗給別人，透過這種方式來訓練員工。[17]

# 參、台達是施崇棠所指的一流公司

華碩集團在 2002 年遭遇電子業寒冬，純益從 162 億元，下滑到 100 億元，營收於 2000～2004 年在 750 億元附近，無法衝破成長

高原。董事長施崇棠從 2001 年 11 月起，便持續地宣稱華碩只是二流公司，也就是希望同仁不要自滿，更希望透過崇本務實的研發、思考方式，能夠思考透澈（think through），一次就做對事情。

　　以企業家的角度來看企業，台達符合施崇棠的一流企業的標準，底下詳細說明，在此之前，請先看一下表 3-8。

表 3-8　台達是一流公司

| 公司等級 | 境界 | 代表性公司 |
|---|---|---|
| 一流 | 思考透澈（think through），一次就做對事情，這樣才最快。 | 美國英特爾、通用電器集團（GE）、日本豐田汽車<br>英特爾跟對手有何不同？它就是一次想清楚，雖然通常會承諾得稍微保守一點，可是最後它生產出來的品質都很穩定。第二名的公司講的更動聽，總想一些方法去打擊它，但難免會犧牲一些東西，如穩定度，或無法信守承諾。<br>華碩企業崇本務實，崇本便是思考透澈。 |
| 二流 | 企業公民行為，即員工間彼此像鄰居般，大家都有意願互相幫忙、補位。<br>而二流公司大家都十分繁忙，但只是救火。 | 華碩在 2005 年 11 月實施精實六標準差制度，目的在於預防、解決問題。 |
| 三流 | 公司內部派系林立、搞小圈圈、玩政治，裡面鬥來鬥去。 | |

資料來源：整理自《天下雜誌》，2001 年 12 月 1 日，第 64、75 頁；伍忠賢，華碩馬步心法，五南圖書公司，第 322～325 頁。

# 不內鬥

公司變大了,很容易分派系、搞鬥爭,往往會為了派系利益,而排除異己,在決策時比較會缺乏理性。套句流行語,便是「意識型態治公司」,眼中沒有是非,只有立場。

鄭崇華致力創造沒有企業政治的環境:就事論事,不會說一套做一套,讓台達像磁吸一樣,匯聚越來越多的人才。

2006 年 4 月,台達 35 週年慶前夕,鄭崇華表示,35 年來最感到成就的事情是公司成長平順、健康,沒有起起落落。尤其近兩年執行長海英俊、總經理柯子興、技術長梁榮昌三人接班順利,讓鄭崇華臉上總是掛著滿意的笑容:「我很自豪的是,公司沒有人搞政治,他們都相處得像兄弟一樣,沒有拐彎抹角才好做事。」[18]

「這要歸功於領導人,我們公司沒派系問題,更不曾鬧過內鬥。」台達電源事業部副總王正平笑著說。[19]

# 第二流公司,團結力量大

2007 年 5 月中旬,鄭崇華接受《工商時報》記者們專訪時指出:「從企業文化來看,台達比較和諧,強調主動、分享,肯教別人,這樣的合作對於公司是正面的。

要是有一天研發人員發明了一樣新產品,一旦當事人藏私,公司就麻煩了,如果開誠佈公,不同人員多討論,可能會有更多創新的東西被創造出來。假使整天都在鬥爭,而不是合作,那樣

的工作氣氛也會很痛苦，對公司也有害，鬥贏別人也沒啥好高興的啊！如果旁邊都是朋友，相處都會很愉快，有什麼事情都會討論」。[20]

# 第一流公司，第一次就做對

**三流公司**還在**解決昨天的問題，二流公司處理今天的問題，一流公司因應明天問題**，竅門在於第一次就做對。底下我們來看施崇棠心目中一流公司豐田汽車公司的心法，知道標竿公司的水準，再回過頭來看台達的作法。

### 豐田汽車的管理深度

在製造業，**豐田式管理**可說是知名度最高的生產系統管理方式，有些公司實施了看板式管理的皮毛、顏色管理，便對外宣稱採取豐田式管理。

這跟本書第一章一開頭所談的「學皮毛」的主張一樣，日本知識管理知名學者、一橋大學國際企業策略研究所教授**竹內弘高**等（2008），從企業文化切入，強調在豐田的企業文化中，員工必須不斷面對問題和挑戰，並且激盪出新穎構想，這正是豐田不斷進步的原因。我簡單的比喻，豐田生產系統是必要條件，企業文化才是充分條件。

由表3-9可見，台達有豐田具體而微的樣子。

表 3-9　台達跟日本豐田汽車公司的比較

| 管理活動 | 台達* | 日本豐田汽車的作法** |
|---|---|---|
| 一、規劃：以研發（包括設計）為例<br>㈠知其然（know why） | 要做得徹底，就把品質做好，但員工根本不知道要求是什麼，為什麼要這麼做？如果他什麼都不懂，你叫他走一步，他就走一步，這樣很容易出錯的。<br>研發人員在研發產品時，都會記得產品的很多優點，但卻忘記了可能會出現的問題，譬如說，什麼溫度會產生什麼問題，其他相類似的產品曾發生什麼問題，這個產品是否也會遭遇到。鄭崇華常常訓練研發人員，遵守規定去設計產品是沒錯，但不只是遵守規定，更重要的是要懂得問「為什麼」，深入了解這個規定的用意在哪裡。為什麼要這麼做？這一定有它的道理，不會說沒有這個必要，卻要求你去滿足這個需求，所以研發人員只要在上面多動一點腦筋，就會徹底地了解規定的理由何在，而不是說「他這樣規定，你就照這樣去做。」 | 一、創辦人的價值觀<br>1.把管理活動（規劃——執行——控制）改進成豐田企業流程，和 A3 報告流程，分析根本原因<br>2.高階主管的現場管理主義，即現地現物，不會閉門造車 |
| ㈡知識管理（lesson learned） | 充分了解客戶的需求，加上員工經驗的累積，在設計每樣東西前都要考慮周到，根據每一次經驗，不讓問題重複發生，一次就把事情做好，這樣才能贏得客戶的尊重。 | 「改善」的精益求精的心態<br>二、開放的溝通方式<br>・鼓勵員工坦然表明自己犯下的錯誤和面對的問題 |
| 二、執行 | 工作態度很重要，一個產品不是馬馬虎虎就可以，必須嚴格遵守客戶的需求，任何信賴性實驗都必須做得很完整。 | 下述仍屬上述第一項。<br>・以客為尊<br>・處世謙卑<br>・尊重人才 |

表 3-9　台達跟日本豐田汽車公司的比較（續）

| 管理活動 | 台達* | 日本豐田汽車的作法** |
|---|---|---|
| | 工業工程剛開始都要花比較多時間，你不能等產品拿去生產，發生問題再去補救，這種公司一定無法生存的。 | ·團隊合作（即人人都該當贏家） |
| 三、控制 | 好的品質會得到客戶正面的回應，像 2004 年台達得到微軟年度最佳供貨公司獎、思科（Cisco）年度供貨公司成就獎，台達通過包含品質、服務，甚至工程支援等評估制度後，在美國、日本等全世界幾萬家供貨公司中脫穎而出，這對台達是很大的鼓勵與肯定。 | 三、著重提拔和留任的人資管理<br>·不以成敗論英雄：對管理者的考核著重於過程中的表現和學習 |

＊資料來源：《經理人月刊》，2005 年 11 月，第 116～117 頁。
＊＊資料來源：竹內弘高等，《豐田的矛盾成功學》，《哈佛商業評論》，2008 年 6 月，第 98～99 頁。

### 鄭崇華講方法

懂得問「為什麼」，一次就把事情做好。

過去鄭崇華經歷技術工程師，管理過生產線，可是對品管知識一竅不通，在美商精密電子公司服務時，主管卻希望藉助他對產品的了解去管理產品的品質。他跟主管說不行，他從來沒有學過品管，這裡面有很多專業，可是主管堅持要他去擔任這個職位，他只好急就章地買一些書回來惡補，像戴明的全面品質管制（Total Quality Control），研究這套理論是怎麼執行的，他認為其中最有道理的是**「第一次就把事情做好」**（**Do It Right the First Time**）。

　　早期台達被大家評為品質很好的公司，是因為品質比別人好，今天能夠生存的公司，品質好是必須的，當年你的特別好，人家會很欣賞你，覺得你很突出，但在今天更是必要條件。[21]

　　2008 年 6 月，在台達的股東常會議事手冊《營業報告書》中，鄭崇華認為，2007 年台達得到華碩、大陸富士康集團（鴻海集團旗下次集團）、加拿大北電網絡頒發最佳供貨公司獎、最佳合作夥伴獎，對台達的肯定不言可喻。

　　學校有校訓，有些公司也有訓言，作為董事長要求員工公事行為的準則，圖 3-2 是台達的早期公司訓言「**實質捷合**」，明顯是為了建立「價量質時」四項競爭優勢，其中「合」一項只好硬塞給「價量」二項。至於「創新」、「客戶滿意」則是 2002 年左右才加入的。

# 肆、公司治理

　　「公司治理」最簡單卻又不失真的說法是：如何透過防弊機制，避免公司董事會欺負小股東，也就是預防「大野狼欺負小紅帽」的代「理」（同樣有個理字）問題出現。

　　在這方面，鄭崇華有老一輩企業家「寧可正而不足，不可邪而有餘」的坦蕩胸襟，再加上 2000 年海英俊到職後，引進外商公司落實公司治理的作法。因此，台達的公司治理至少具備了 A 級水準，詳見表 3-10，底下詳細說明。

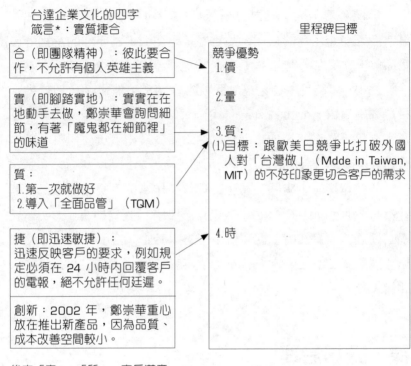

台達企業文化的四字箴言＊：實質捷合

里程碑目標

合（即團隊精神）：彼此要合作，不允許有個人英雄主義

實（即腳踏實地）：實實在在地動手去做，鄭崇華會詢問細節，有著「魔鬼都在細節裡」的味道

質：
1.第一次就做好
2.導入「全面品管」（TQM）

捷（即迅速敏捷）：迅速反映客戶的要求，例如規定必須在 24 小時內回覆客戶的電報，絕不允許任何廷遲。

創新：2002 年，鄭崇華重心放在推出新產品，因為品質、成本改善空間較小。

競爭優勢
1.價

2.量

3.質：
(1)目標：跟歐美日競爭比打破外國人對「台灣做」（Mdde in Taiwan, MIT）的不好印象更切合客戶的需求

4.時

後來「實」＋「質」＝客戶滿意

圖 3-2　台達早期企業文化的目標

＊資料來源：整理自吳蓬琪（2004），第 27～28 頁。

表 3-10　台達在公司治理六大構面的作法

| 中華公司治理協會的公司治理六大構面 | 台達的作法 |
| --- | --- |
| 一、董事會職能強化宜由獨立董事分別組成下列三個委員會： | ·獨立董事二席，「八分之二」由荷商飛利浦台灣區前總裁羅益強、李澤元博士擔任 |

表 3-10　台達在公司治理六大構面的作法（續）

| 中華公司治理協會的公司治理六大構面 | 台達的作法 |
|---|---|
| 1. 薪酬<br>2. 審計<br>3. 提名委員 | ・1988 年股票上市以來，鄭崇華沒領過員工分紅<br>・簽證由資誠會計師事務所擔任 |
| 二、管理階層的紀律與溝通（`6 項中有一項是內部控制） | |
| 三、監察人功能的發揮 | ・獨立監察人──席占二席之一，即台灣大學國際企業管理系教授黃崇興<br>・2002 年 5 月 16 日股東常會修正通過「董事及監察人選舉辦法」 |
| 四、股東權益的保障<br>・鼓勵股東參與公司活動<br>・公司與關係企業間 | ・2005 年修正通過「股東會議事規則」 |
| 五、資訊透明度<br>・合併報表<br>・時機<br><br>・程度 | ・2003 年第 2 季起，編製合併報表<br>・2000 年起，海英俊到台達擔任投資長，便很強調每季的法人說明會，並且到海外巡迴說明<br>・2007 年，榮獲財團法人證券發展基金會的資料揭露 A$^+$ 的公司 |
| 六、企業公民責任<br><br>1. 利害關係人（stake-holder）權益（例如員工）<br>2. 公司的社會責任 | ・在公共事業部下設企業訊息處，由曾在台積電任職的周志宏擔任處長<br>・2003～2009 年連續七年獲得《天下雜誌》評鑑為電子業標竿企業第一名<br>・2005～2007 年連續三年獲得《遠見雜誌》評選為企業社會責任科技組首獎，2008 年免考核 |

## 董事會職能強化

台達在「公司治理」第一大項「董事會職能強化」可說「問題多多」，依序說明。

「董事長是否該兼執行長？」這個議題還有得吵，但是比較沒有爭議的是「管理者兼任董事不宜超過一半」，以免董事會被管理階層主導，缺點是「因循苟且（例如訂定較低的營收目標）、官官相護」。

由表 3-11 可見，台達八位董事中，管理者占 5 席（詳見第 4 欄擔任管理職），即管理階層占董事會 62.5%。

### 表 3-11　台達董事會的組成

| 職稱* | 姓名* | 持股比率* | 擔任管理職 |
|---|---|---|---|
| 董事長 | 鄭崇華 | 6.282% | |
| 副董事長 | 海英俊 | 0.035% | 執行長 |
| 董事 | 柯子興 | 0.035% | 總經理 |
| 董事 | 鄭平 | 0.321% | 鄭崇華長子、大陸台達副總裁 |
| 董事 | 許榮源 | 0.091% | 零組件事業群副總裁 |
| 董事 | 張訓海 | 0.029% | 視訊事業群副總裁 |
| 董事 | 李澤元（Fred Chai Yan Lee） | 0% | |
| 獨立董事 | 羅益強 | 0.012% | |

*資料來源：台達 2008 年股東常會議事手冊，第 44 頁。

　　由表可見，這五位董事，除了鄭平外，四位俗稱專業經理人
持股比率 0.19%，實在微不足道。能當選董事，大抵需要大股東支
持，如此一來，這四票可說是大股東的票。總的來說，台達八席
董事中，有 6 票是鄭崇華所能決定的，再加上李澤元是老朋友，
人在美國，開會次數應該有限。

　　這樣一來，都是自己人的董事會，很容易淪為「一言堂」，
因為管理者兼董事大抵會「唯馬首是瞻」。

## 獨立董事的職能

　　有關獨立董事的選任，證交所的規令僅適用於 2002 年 2 月以
後上市（櫃）的公司，台達主動配合，可說誠意十足。

　　2005 年台達董監改選，邀請到羅益強和李澤元二位獨立董
事，以及黃崇興擔任獨立監察人。

　　鄭崇華很感激這三位獨立董監事到任後對台達提出相當多的
建言，對營運帶來非常大的實質助益，台達也努力朝他們所建議
的方向走，同仁們都可以明顯感受到成效。

　　李澤元是美國電力電子系統中心的主管，跟鄭崇華在 1998 年
認識，於 2006 年出任台達獨立董事。

　　嚴格來說，李澤元缺乏獨立性，原因有二：一是他是鄭崇華
的朋友；一是李澤元可能有當過台達的顧問，例如第 4 章之貳曾
有如此報導「在李澤元協助下，設立上海研發中心。」

羅益強曾任台灣飛利浦總裁、同時也是百年以來亞洲人首位進入荷商飛利浦的決策核心，就因欣賞鄭崇華經營事業的風格，2006 年自願擔任台達的獨立董事。

不過，羅益強有些作為可能跟獨立董事的守則不符，例如「為了培養高階管理階層的視野和國際觀，鄭崇華特別請羅益強固定開會分享，讓二十位一級主管學習國際化策略。」[22]

「開會」是可以，但就是不能拿酬勞。否則，如此一來，就無異是台達聘用的顧問，更不符獨立董事資格了。

獨立董事的功能要能發揮，有二大必要條件，一是獨立董事占董事的比率；另一是公司章程對獨立董事運作的授予「尚方寶劍」，例如台積電由獨立董事組成「審計」、「薪酬」委員會，後者主要決定董監事酬勞，以免**內部董事**自肥。在這方面，台達還須「更上一層樓」。

## 董監酬勞

在美國，董事長（或總裁）會給自己高薪，這種自肥方式被稱為「資本主義之瘤」。在台達，完全沒有這些問題，鄭崇華可說是「一介不取」之人。

2009 年 6 月，股東大會中，通過配發 2008 年董監酬勞 1620 萬元（約占盈餘 0.11%），以十位（八董二監）董監事平均分攤來說，每位平均領 182 萬元；跟台塑、金寶相當。[23]

1988 年，台達股票上市以後的員工分紅配股，他一毛錢都沒拿過，因為依照規定，他所擔任的董事長職位，不能拿，也不需要那些錢。[24]

1990 年，鄭崇華和幾位董事自掏腰包，成立台達電子文教基金會，沒有挪用公司任何資金，而且還把「面子」做給公司。基金會辦活動，也都是用自己的錢，不會慷公司之慨。以這角度來說，鄭崇華夠格稱為「**慈善企業家**」，他不會利用公司的錢成立基金會、捐款、上電，做出沽名釣譽的情形。

## 股東權益的保障

對股東權益的保障有多項指標，從股東會提案權門檻（例如1%）、發言、表決方式（尊重小股東常採連記法）、董監事選舉方式。底下，僅以 2006 年股東會中，職業股東的發言和鄭崇華的答覆最具有戲劇張力。

2006 年 5 月 18 日，台達股東常會，由於是北台灣唯一有股東會的「場子」，吸引各方職業股東到場，股東常會破天荒的足足進行五小時，二十分鐘。

當小股東以機器設備支出過高、毛益率、合併報表的財報等基本面問題質詢時，鄭崇華都不厭其煩地說明，但當股東質詢董事長出脫持股時，鄭崇華則以「非常憤怒」、「搞不清楚」、「有點找碴」來回應。看似有點大動肝火，鄭崇華不平地說，有一件事他一直不願意提起，就是從台達 1988 年上市的第一天至

今，他沒拿過台達一張股票，2002 年以前鄭崇華是董事長兼執行長，依法執行長是可以配發員工股利，但他認為員工很辛苦，所以不拿，連董事長薪水也沒有拿，鄭崇華說：「我可以很挺地站在這裡」，至於他賣股票，是因為他口袋沒有錢，到了繳稅的季節和捐贈時，就必須賣股票。[25]

鄭崇華說到激動處，也對這些頻頻發問的小股東曉以大義，他說每個人在世界上最多活 100 歲，每個人都要去思索對社會的價值，能夠對社會盡多少力量，而不是作一些讓社會更亂的事。如果股東用立法院那種態度來疑質公司，這是相當沒有尊嚴的事，他寧可去掃地、開計程車。他最後並丟出「我們活在這世界上要做一個怎樣的人」？的問題，且強調一個人能夠對社會有所貢獻，死了都可以安心，來跟小股東共勉。

鄭崇華理直氣壯地告訴股東，30 多年來台達從不會去哄抬股價。唯有認同經營階層的投資人才能看到投資價值，如果沒有信心，就不要買。[26]

## 台達對得起投資人

大江東去浪淘盡，昔日股王而今安在？在 1990 年 2 月 1,975 元股王的國泰人壽後，繼位的千元股王傳奇還有宏達電（2498）、益通等，禾伸堂（3026）也出現過 999 元的驚人價位，華碩、廣達（2382）、智原（3035）、茂迪（3452）、伍豐（8076）、大立光（3008）等也都曾為股王，但微利化打破了科

### 職業股東

　　上市、櫃公司股東常會，第一個讓投資人聯想到的就是惡名昭彰的職業股東。「職業股東」，有點負面的意思，常指那些到股東會中「撈點好處」的小股東，要是公司不從，他們就鬧場。公司為了避免上演武場，只好請保全來壓陣。

　　至於運用冗長發言的「文場」則不可免，2008 年 6 月，鴻海的股東會也開了 5 個小時。

技泡沫，在高價位進場的投資人，多年來即使加計配股配息，可能大部分都還沒有解套。

　　根據寶來投信依 CMONEY 系統統計，以 15 年期間為準，還原權值後計算，買進鴻海的投資報酬率為 110 倍，第二名是台達，投資報酬率 30 倍，雖然跟鴻海還有一段差距，但買到之後死抱不放的投資人，口袋一樣麥克麥克，詳見表 3-12。

　　在美國，美國富蘭克林公司是過去 25 年投資報酬率最棒的股票，股價漲幅 64224%，投資大師巴菲特的波克夏股價漲幅也有 19424%。以此來說，台達倒有點像波克夏公司。[27]

表 3-12　值得投資 15 年的好股

| 股票名稱 | 15 年報酬率（%） |
|---|---|
| 鴻海 | 11,005.99 |
| **台達** | 2,968.78 |
| 日月光 | 859.90 |

表 3-12　值得投資 15 年的好股（續）

| 股票名稱 | 15 年報酬率（％） |
|---|---|
| 寶成 | 813.84 |
| 聯電 | 778.92 |
| 南亞 | 716.99 |
| 仁寶 | 713.67 |
| 台塑 | 667.30 |
| 裕民 | 606.24 |
| 中鋼 | 549.67 |
| 台化 | 523.43 |
| 豐泰 | 371.83 |
| 神達 | 343.50 |
| 統一 | 314.81 |
| 華通 | 279.21 |

註：統計期間由 1992 年 5 月 4 日～2007 年 5 月 4 日。
資料整理：寶來投信。
資料來源：CMONEY。

## 財報透明度

　　「財報透明」是外界監督的第一步，否則黑箱經營，小股東就很容易被矇在鼓裡，並很難維護自己的權益。在「無不可告人之事」這方面，台達會在證交所要求之前，做好財報透明度這構面。

　　2003 年 12 月，鄭崇華認為公司治理的最大關鍵就是心態問題，當然公司的經營管理需要一套完善制度，才能興利防弊，但

最根本的是經營階層必須本著誠實正直的信念，透過正當合法的管道為公司謀求合理的利潤。

此外，在要求所有員工執行業務時，也要本著同樣的精神，要是有偏差，絕不寬貸，如此才能落實公司治理的要求。

身為上市公司，擔負著社會責任和股東信託，因此台達也有義務讓公司的營運和決策流程更加透明化，讓大家知道台達在做什麼、營運情況如何，畢竟一家上公司是許多人所共有的社會資產，而不是少數個人的私產。[28]

# 企業如何成為外資的最愛？

當競爭國際化、佈局國際化之際，資金也必須國際化。高盛亞洲董事總經理張果軍（2008 年轉任富邦證券董事長）說：「譬如，鴻海在深圳每蓋一個廠區，就是足球場的幾倍大；台積電建十二吋晶圓廠，動輒幾十億美元，這些資金，台灣的資本市場能充分供給嗎？」

除了海外募資的需求，外資的另一個重要性，就是在持股方面會比較長期，公司可以規劃這些長期資金，而不受散戶殺進殺出的影響。

2001 年 5 月初，《華爾街日報》一篇報導中，外資法人不客氣地嘲諷著：「鴻海的營業數字實在漂亮，但我們最擔心它的透明度。」這多少解釋了鴻海 2001 年公布第一季財報時，明明獲利成長了八成，外資卻按兵不動，並不加碼。

郭台銘態度轉緩，2001 年 9 月 17 日，911 事件剛過，他專程從歐洲飛香港，參加高盛證券為外資法人辦的論壇，並且生平頭一遭，用英文發表演講。

「親眼見到董事長，對外資評估企業非常重要。」說服郭台銘參加的張果軍表示。[29]

2000 年，海英俊進入台達，擔任投資長，並成立投資部，公司治理也是他工作的重點。就像大部分台灣蓄薯企業家，鄭崇華以往習慣「多做少說」，對外較少溝通，營運資訊也很少公開揭露。

「台達原本就很正直，但太低調，有時外界連數字都不知道。」曾在台積電服務的公共事務部企業記息處長周志宏舉例，台達的外資持股比率幾乎是台灣最高，但以往悶著頭做，讓台達對外形象比較吃虧，「人才也因此比較難找。」他說。

海英俊為此加強了對外溝通，他增加跟法人、媒體和政府的接觸，法說會辦得比以往頻繁多了，對投資人的資訊揭露也更清楚。[30]

台達集團營運總部設在台灣，但是有相當大比例的製造活動是在海外進行，為了能充分反映整體營運結果，對投資大眾負責，自 2003 第二季起，台達率先編製並公告會計師簽證的合併財務報表，把公司營運和財務資訊透明化，雖然編製合併報表需要投入相當多的人力，但台達認為這樣做是值得的，合併報表有助於投資大眾更加了解台達，對台達也是一項很好的管理工具。

# 外界評語

台達在公司治理方面，並不像台積電、台灣大哥大那麼常上報紙，因此有關這方面的評語並不多，底下簡單說明。

2003～2004 年《財產雜誌》（*The Asset*）最佳企業治理獎。

鄭崇華很注重公司治理，不過，台達並沒有在第一（2006年）、第二（2007 年）時間，自願參加中華公司治理協會的評鑑，也就是沒有獲得授證。

歷經 2001 年，美國的安隆、世界通訊等財報弊案，歐美機構投資人把公司治理視為選股標準之一。從 2005 年起，外資對台達持股比率超過 60%，2007 年台達終於成為外資的最愛，詳見表3-13，由此可見，台達在公司治理方面獲得外資的大大肯定。

表 3-13　台達的外資持股比例進程

| 說明 | 2005 年 | 2006 年 | 2007 年 | 2008 年 | 2009 年 |
|------|---------|---------|---------|---------|---------|
| | 11 月底 | 5 月初 | 10 月底 | | 9 月底 |
| 外資持股比率 | 65.53% | 70.78% | 74.38% | | 70.57% |
| 上市公司排名 | 僅次於台積電 | 同左 | 第一 | — | — |
| 外資偏好台達原因 | ·財報透明度高<br>·掌握環保概念，因 2006 年 7 月歐盟實施歐盟環保指令 | ·合併營收破千億元，即營收、獲利成長三成以上 | ·母以子為貴，子公司達創 1 月 6 日在香港股票上市，2009 年 8 月 23 日下市，打算回台上市（TDR） | | |

## 第 4 章

# 環境保護

最低門檻的企業公民責任！

　　他比任何人更早體會到節省能源的重要性，很難想像，台達對全球能源的影響力，鄭崇華說：「台達的電源供應器效能只要提升一個百分點，至少能節省一座核能發電廠的電。」

　　他不只個人力行節約能源，更不遺餘力地投資綠色環保產業，外界尊稱他為「節能教父」。

陳昌陽

《經理人月刊》，2005 年 11 月，第 115 頁

台達集團鄭崇華可說是台灣數一數二落實環保的公司、企業家。在本章之壹，如同導演運鏡一樣，先拉個全景，讓你我了解時代背景。

然後再把鏡頭拉近，套用「觀念——態度——行為」的心理分析架構，依序說明鄭崇華的環保理念、台達綠色管理。

本章之肆～柒是特寫鏡頭，詳細專論綠建築、綠色生產和環保公益活動等作法。

# 壹、環境保護問題與對策

鄭崇華是台灣的環保英雄，時勢造英雄，在了解鄭崇華的英雄事蹟之前，必須了解時勢；本節以較近的新聞來說明。

## 百年建設，毀於一旦

太陽系經歷 46 億年演化所形成的地球美好的天然環境，卻在 1860 年工業革命後短短的 200 餘年破壞殆盡，算起來只佔地球年齡億分之四。人類一直把自然資本當作取之不盡、用之不竭的免費資源，但由於人口的暴增和發展工業等各種活動，導致各種汙染及能源短缺，進而打破了地球原有的生態平衡，極有可能在本世紀末造成地球的大災難，斷送人類及其他物種的生機。

# 地球病得不輕

2007 年 4 月，聯合國跨政府氣候變遷小組（IPCC）公佈「第四次氣候變遷評估報告」。科學家們有九成的把握相信，全球暖化現象是近世紀人類排放了過量的二氧化碳等溫室氣體至大氣層中，因而降低地球反射紅外線的能力所造成。要是各國不能在 2015 年前阻止大氣中的二氧化碳濃度突破 450 ppm（1995 年時 358 ppm、1986 年才 280 ppm），預測只要十幾年以後，亞洲就可能爆發大規模疾病疫情；喜馬拉雅山將帶來嚴重的雪崩與土石流。未來二十年間，高溫將造成喜馬拉雅山 4000 公尺以下的積雪融化殆盡，沖刷而下；歐洲阿爾卑斯山脈的冰川逐漸消失，人類恐為旱災所苦。未來五十年內，地球上有三成的物種將面臨滅絕危機。

到本世紀末，全球氣溫平均增加攝氏二度（詳見下表），暖

| +攝氏 1 度 | +攝氏 2 度 | +攝氏 3 度 | +攝氏 4 度 | +攝氏 5 度 |
|---|---|---|---|---|
| ・野火增加，動物集體遷離居地 | ・30% 動植物種類陷入絕種危險<br>・赤道與旱季區域農產量減少，飢荒問題惡化<br>・大多數珊瑚死亡 | ・30% 水岸濕地消失<br>・熱浪、洪水、乾旱增加，人類死亡<br>・數億人口陷入缺水問題 | ・數百萬人口將每年遭受洪水侵襲，尤其是人口密集、貧窮的亞洲與非洲區域 | ・逾 40% 動植物種類陷入絕種危險<br>・健保體系負擔明顯加重 |

資料來源：英國《金融時報》。

化的結果將引發巨大的連鎖效應，不僅水資源日趨枯竭，各地發生水災與旱災的風險都大幅上升。快速發展的亞洲將是受創最嚴重的地區之一，全球的貧窮地區恐怕是最大的受害者。

儘管此小組已經用史無前例的嚴重口吻，警告全球暖化的風險，但仍有不少科學家卻持有更悲觀的看法，他們認為此小組在經濟強國的要求下妥協，在報告書中淡化了全球暖化的威脅。[1]

---

**小檔案**

### 聯合國跨政府氣候變遷小組（Intergovernmental Panel on Climate Change, IPCC）

成立於 1988 年，結合全球 110 多國家、超過 2500 名科學家，研究發現過去五十年內，世界各地均發生極端的氣候變遷，乾旱的時間更長，降雨型態改變。

這個小組就全球氣候變化對人類生存環境構成的嚴峻威脅，從科學角度所做的分析已經為大多數「氣候變化綱要公約」（FCCC）締約國政府所接受。2007 年 11 月，這個小組跟前美國副總統高爾共同獲得諾貝爾和平獎。

---

## 1989 年，環保已成為全球問題

1989 年，聯合國發表《我們共同的未來》一書，呼籲人類共同關心日益嚴重的環境問題。1992 年，世界一百多國領袖，齊聚巴西里約，召開「地球高峰會」，共同簽署**永續發展憲章**。

### 歐洲是環保的推手

　　歐洲是「節能減碳」的急先鋒，由表 4-1 可見，歐盟對於環保的相關指令，台灣的電子公司為了避免成為歐洲的「拒絕往來戶」，只好「逆來順受」。但台達卻是「樂知好行」，早在法令要求之前就已有先見之明，準備就緒了。

表 4-1　台達在綠色生產方面的各項措施

| 核心活動 | 綠色台達 | 歐盟環保認證 | 台達的作法 |
|---|---|---|---|
| 一、研發<br>1.節能減碳（低耗電、用料可回收）<br>2.使用壽命 | 綠色設計（reduce） | 2005 年 8 月 11 日，實施「能源使用產品生態化設計指令」（EuP） | 提高主力產品（電源供應器）的電源效率，2008 年時，已達 85%，未來目標 87%，詳見表 2-2 |
| 二、採購：用料 | 綠色採購 | | 通訊電源供應器朝「輕薄短小」邁進，2008 年由 5 公斤降到 2 公斤 |
| 三、生產：製程 | 綠色製造 | | |
| 1.有害物質使用率 | | ·2006 年 7 月，歐盟實施 RoHS（禁用有害物質防制指令）<br>·2008 年 4 月，實施「化學品註冊、施估、授權法案」（REACH） | 2000 年採取無鉛銲錫，2004 年，東莞石碣廠通過 RoHS 審查，生產線上掛有「無鎘、無鉛」標示 |
| 2.節能：<br>(1)高效能馬達<br>(2)太陽能 | 再生（renewable 或 renewing） | | (1)辦公室、工廠省電<br>(2)§4.5：南科廠採綠色建築，太陽能發電節約，冷卻水塔用水循環使用 |

表 4-1　台達在綠色生產方面的各項措施（續）

| 核心活動 | 綠色台達 | 歐盟環保認證 | 台達的作法 |
|---|---|---|---|
| 四、品保 | | | |
| 五、運輸 | 綠色行銷與服務 | | |
| 六、維修與回收 | 再利用（reuse 或 recycle） | 2003 年 2 月 13 日，歐盟公告「廢電子電機設備指令」（WEEE），即十類電子電機產品的回收標準 | |

# 京都議定書多少發揮了作用

全球環境污染，美國幾乎占一半（其中一個例子是美國人擁有的汽車占全球一半），因此美國沒有簽署《京都議定書》。

**2005** 年生效的「**京都環境議定書**」顯示「永續發展」已成為人類今後最重要的課題，為了減少地球暖化，降低二氧化碳排放，各國積極發展綠色建築，「綠色消費」、「綠色照明」、「綠色生活」等相關議題及產品備受關注。「京都議定書」2012 年屆期，被 2009 年 12 月通過的「哥本哈根條約」取代。

台灣雖然不是會員國，但是願意遵守，如此也對台灣的公司構成一定壓力，尤其是廢氣排放大戶——電廠、鋼鐵、石化業。

# 目標：永續經營

世界永續發展委員會（WBCSD）對於企業社會責任的定義

為：「企業為求得經濟永續發展，跟員工、家庭、社區與地方社會共同營造高品質生活的一種承諾。」

### 透過金融市場來獎懲企業

世界永續發展工商會議制定出生態效率評估和申報方針，透過金融市場日增的影響力，要求全球各上市公司遵照詳細的申報規則，讓企業可以根據所採取的永續發展行動接受評等。公司名聲會變成經營階層重要的責任，因為名聲受損就等於財務受損。投資人可以決定是否擁有某一家公司的股票，以便引導企業界向永續發展的方向前進。

### 生態效率

生態效率（eco-efficiency）的觀念是世界永續發展工商會議的核心哲學，生態效率和減少環境衝擊、創造更高價值的方法有關。世界永續發展工商會議提供論壇，讓董事長交換生態效率的經驗。公司遵循生態研發（或稱環保設計）規範時，其可能生產出的產品，製造與運用時往往都比較便宜、比較小，設計也比較簡單、比較容易回收。有越來越多公司了解到，生態效率的作法可以改善經營績效。

### 來自消費者的力量

**科技環保**的實際舉動多由企業界完成，但消費者也成為推動環保的力量，具有環保意識的股東也在上市公司推動環保方案。美國遠觀集團（Envisioneering Group）的調查顯示，7～11% 的美

國人認為自己很注重環保，企業形象是否環保，影響了消費者的
採購抉擇。

麻州理工大學布斯（2008 年 10 月以前，舊名「史隆」）商學
院教授安德森說：「如果價錢相當，比較環保的產品會勝出。」

### 企業投其所好

2007 年 5 月初，IBM 跟著推出**「深綠計畫」**（**Project Big
Green**），承諾每年投入 10 億美元，改進資訊業的能源使用效率。

有些公司例如英特爾、惠普、IBM 跟超微（AMD），已成功
利用綠色潮流獲利，他們推出省電的伺服器或者伺服器零件，因
此能幫客戶節省成本。

惠普公司指出，2006 年下半年有關環保的顧問案件增加
**120%**。惠普**企業社會環境責任**（台灣惠普稱為科技環保事務管理
處）副總裁提爾南說：「環保的顧問案件以節能問題為主，其次
為資源回收。」

### 有些公司想「漂綠」

有些電子公司提出的一些環保計畫就顯得有些空洞，光是舉
辦環保比賽、植樹，終究無法為客戶的荷包帶來好處。

公司當然希望提出能彰顯品牌形象、強化品牌區別的策略。
但基本的關鍵在於產品是否真能讓顧客少花點錢。環境意識抬頭，
甚至使「漂綠」（greenwashing）這樣的名詞因應而生，令人回想
起網路泡沫時期，人人把「達康」（dot-com）掛在嘴邊的情景。

　　向環保靠攏似乎只是一種回音，很多公司的投資人關係處主管都表示，他們只關心公司業務對環境帶來的衝擊，但很少人真的採取行動。[2]

## 永續發展是最低標準

　　**永續發展（sustainable development）**是從國家到企業熱門的口號。但是，「談永續發展，是很無趣的。」德國受矚目的環境意見領袖布朗嘉（Michael Braungart）語出驚人的說。

　　在布朗嘉的眼中，地球體系是封閉的，任何人造物質都不會消失。如果我們繼續汙染環境、製造廢棄物，我們的生產與消費都會受限，終將把地球推向墳墓。

　　布朗嘉在德國工作有特別深的體會，「德國人覺得大自然是美好的，人是有罪的。我們應該向大自然學習。」在大自然的世界中，沒有廢棄物，萬物皆是養分，回歸土壤。我們也應該盡力讓工業的新陳代謝，融入自然環境的新陳代謝，打破產品「從搖籃到墳墓」生命週期的思考，變為「從搖籃到搖籃」。

　　不論是研發，還是製造，應該思考的是「如何對環境有益」，而不只是「如何減少對環境的傷害」、把人類**足跡（footprint）**極小化，而是要讓其他的物種因我們的存在和發展而受益。

　　他跟美國建築師麥唐諾（William McDonough）在**《從搖籃到搖籃》**一書中，提出一套「從搖籃到搖籃」（Cradle to Cradle）

概念，把「減廢」再往推前到「**零廢**」，徹底打破過去研發、生產、消費的概念，希望所有生產的東西都可以在地球循環利用不息，被視為是啟動下一波工業革命的行動方針。[3]

---

**小檔案**

**布朗嘉（Michael Braungart）**

現職：德國呂內堡大學化學教授
著作：跟麥唐諾（William McDonough）合著《從搖籃到搖籃》一書
得獎：2007 年，美國《時代雜誌》選為環保英雄

---

## 有方法就不怕問題

美國哥倫比亞大學地球研究所所長薩克斯（Jeffrey D. Sachs）認為，在適度的成本下，實施有效的氣候控制措施（詳見表 4-2 中第 3 欄），不僅是實際可行的，還能兼顧經濟跟環保。

表 4-2　二氧化碳減碳的有效作法

| | 2007 年狀況 | 2020 目標 |
|---|---|---|
| 每年二氧化碳排放量 | 360 億噸 | 210 億噸 |
| 一、人為污染 | 290 億噸 | |
| ㈠燃燒化石能源 | | 乾淨的電力來自下列二種方式。 |
| 　1.發電廠 | 以煤、天然氣、石油等為燃料 | ⑴替代能源<br>　核能、太陽能和風力發電<br>⑵現有的碳、天然氣發電採取（二氧化碳）低排放的技術，即火力發電廠排放的二氧化碳進行捕集和隔離（即碳封存） |

表 4-2　二氧化碳減碳的有效作法（續）

| | 2007 年狀況 | 2020 目標 |
|---|---|---|
| 2.汽車 | | (1)混合動力汽車<br>(2)生質能源燃料<br>(3)燃料電池汽車（即氫動力汽車） |
| (二)工業生產過程 | | |
| 二、砍伐熱帶雨林 | 70 億噸 | 植樹 |

資料來源：整理自薩克斯，「峇里島今後的氣候變遷」，《科學人月刊》，
　　　　　2008 年 4 月，第 118 頁。

# 貳、鄭崇華的環保觀

「有諸中，形於外。」唯有先了解鄭崇華對環保的信念，就
可以看出其矢志不移的心路歷程。

## 啓蒙與實踐

「動心起念」的環保啟蒙，依序有下列二階段。

鄭崇華從小對天文有興趣，也學習到在無限的宇宙中，要
找到像地球一樣具有繁衍生命的條件是多難能可貴。所以終其一
生，鄭崇華都是環保活動的支持者。

環保、節能產業著眼龐大商機的出發點不同，鄭崇華對於環
保始終都有極大的關心。[4]

鄭崇華的環保作法起源自一趟日本之旅，1980 年代日本公

司姿態很高，不准台灣業者參觀生產線，引起前總統經國先生不悅，日商松下（Panasonic）最後從善如流，終於開放台商前往參觀。

台灣業者於是組團，台達當年還是家小公司，但是因為鄭崇華會說日文，且曾在外商公司待過，而被推派任團長。

一行人來到日本，受到日商熱情接待，並首度開放生產線給台商參觀，鄭崇華才發現，原來日本公司早就開始在做環保節能的研發，即使當時大家視這行業為冷門行業，夏普旗下的夏普太陽能公司（Sharp Solar）等早就開始進行太陽能晶片的研究，就算賠錢了十多年，也繼續研發下去，這種理念令鄭崇華印象深刻，立志效法。[5]

## 台灣環保問題很嚴重

2005 年 1 月 27 日，「世界經濟論壇公佈的環境永續指標」（**Environmental Sustainability Index, ESI**）全球排行中，在 146 國家中，台灣只領先被布希總統稱為是流氓國家代表的北韓。連貧窮的蘇丹、戰亂的伊拉克、全球耗油量最大的大陸，環境指數都比台灣好，詳見表 4-3。

表 4-3 「環境永續指標」（ESI）全球排名

| 排名 | 國家 | ESI 分數 |
|------|------|---------|
| 1 | 芬蘭 | 75.1 |
| 2 | 挪威 | 73.4 |
| 3 | 烏拉圭 | 71.8 |
| 4 | 瑞典 | 71.7 |
| 5 | 冰島 | 70.8 |
| 6 | 加拿大 | 64.4 |
| 7 | 瑞士 | 63.7 |
| 8 | 蓋亞那 | 62.9 |
| 9 | 阿根廷 | 62.7 |
| 10 | 奧地利 | 62.7 |
| 30 | 日本 | 57.3 |
| 31 | 德國 | 56.9 |
| 45 | 美國 | 52.9 |
| 122 | 南韓 | 43.0 |
| 133 | 大陸 | 38.6 |
| 137 | 葉門 | 37.3 |
| 138 | 科威特 | 36.6 |
| 139 | 千里達 | 36.3 |
| 140 | 蘇丹 | 35.9 |
| 141 | 海地 | 34.8 |
| 142 | 烏茲別克斯坦 | 34.4 |
| 143 | 伊拉克 | 33.6 |
| 144 | 土庫曼 | 33.1 |
| 145 | **台灣** | 32.7 |
| 146 | 北韓 | 29.2 |

資料來源：耶魯大學、哥倫比亞大學所著，《2005 環境永續指標：國家環境監督比較》研究報告，2006.1.26。

　　「這些國家工業化的程度都不及台灣，他們不僅污染比台灣少，自然資源也比台灣多。」製作報告的美國耶魯大學「環境法律與政策中心」主任艾司提（Daniel Esty），在瑞士達弗市接受《天下雜誌》記者的獨家專訪時指出：「台灣雖然有錢，但是對環境的關注上卻表現不怎麼樣。」[6]

　　由美國耶魯大學法律與環境政策中心和哥倫比亞國際地球科學資訊網中心共同製作全球的環境績效指數（EPI），評比細項涵蓋 25 個最易取得資料的項目，包括：漁業、碳排放量、森林對水質的影響，以及評估一國環境是否適合人類與動、植物棲息，是評估各國環境保護成效的最佳指標。

　　美國《新聞周刊》（*Newsweek*）報導，台灣環境績效指數以 80.8 分排名第 40，緊追在美國之後，詳見表 4-4。

　　美國的環境績效排名 39，表現在某些方面跟大陸類似。美國的環境績效得分在前 10% 富有國家中屈居倒數第三名，主因是在碳排放方面表現差勁。碳排放是導致全球暖化的罪魁禍首，因此在環境績效指數中占很高的權重，美國和大陸都因為依賴煤炭發電而在這個項目上得低分。美國在發電產生的碳排放評比項目中只得 38 分，財富跟美國旗鼓相當的國家平均卻得了 68 分。

表 4-4　各國環境績效指數排名

| 名次 | 國家 | 得分 | 名次 | 國家 | 得分 |
|------|------|------|------|------|------|
| 1 | 瑞士 | 95.5 | 9 | 哥倫比亞 | 88.3 |
| 2 | 瑞典 | 93.1 | 10 | 法國 | 87.8 |
| 3 | 挪威 | 93.1 | 21 | 日本 | 84.5 |
| 4 | 芬蘭 | 91.4 | 26 | 馬來西亞 | 84 |
| 5 | 哥斯大黎加 | 90.5 | 39 | 美國 | 81 |
| 6 | 奧地利 | 89.4 | 40 | **台灣** | 80.8 |
| 7 | 紐西蘭 | 88.9 | 46 | 澳洲 | 79.8 |
| 8 | 拉脫維亞 | 88.8 | | | |

資料來源：美國《新聞周刊》，2008.6.30。

### 政府做得太少、太慢

2004 年 2 月，政府的能源政策還一直在強調多建火力發電廠，而綠建築法規也跟既得利益妥協，違背原本的核心精神，對於當時這種情況，鄭崇華完全不顧總統大選前企業家慣有的世故和敏感，激動地說，「這個政府笨得像豬一樣，怎麼走回頭路？他們完全不用功，對整個世界的走向，完全無知！」

鄭崇華認為，政府應該把力氣花在研究具環保概念、替代能源（包括太陽能、風力水力發電的開發）等等。歐洲國家如丹麥，政府規劃、主導替代能源的開發，都已經占能源使用量的三成，而台灣的政治人物卻還在原地踏步。「我真的很生氣！」鄭崇華說。[7]

2009 年 4 月 7 日，鄭崇華參加 IBM 舉辦的活動時，他表示，

政府推動前瞻性的能源政策，應該是愈快愈好，但是相關法案都還在研議當中，例如德國補助太陽能每度電的金額約 17 元，但台灣只有 1.7 元，相差很多。[8]

對於環保節能，鄭崇華直言「再不做就來不及了」，他認為台灣地小人稠，像大型煉鋼廠等高污染的行業，以前核准的仍可繼續運作，但不需要再核准新的案件。

令他訝異的是，2006 年起，大陸在考核各地方官員的成績，幾乎都會把環保列為重要項目，也帶動當地對於相關問題的重視。鄭崇華就說，以前跟當地官員談綠建築，幾乎都沒有回應，但現在這些官員卻都能朗朗上口。大陸的環保政策是從鄉下的小學生開始教起，強調不能亂丟電池、動員各地鄉間種樹等，來改善及避免破壞環境。[9]

鄭崇華認為，太陽還可以發光發熱 25 億年，但是從 18 世紀工業革命以來，人類過度破壞自然，對自然保育又做的太少，要是再這樣下去，地球再過 50 年就會毀滅，推動環保刻不容緩。[10]

2007 年 9 月，鄭崇華跟此次亞太經合會（APEC）台灣領袖代表、宏碁集團創辦人施振榮會面，表達了就算各國達到 2030 年降低 25% 的能源密集輸出量目標，都還不足抑制全球暖化的憂心。[11]

### 我們只有一個地球

2007 年 11 月 6 日，鄭崇華寫了一篇文章刊登在《經濟日報》上，強調下列重點。

「長期人類活動、工業發展的破壞汙染，地球漸漸失去
生態平衡，這種破壞是漸進的，氣候暖化、臭氧層破壞
的威脅，人類社會已面臨生死存亡的危機。

人類的生活與文明正面臨著前所未有的威脅，但有多少
地區的政府及人民真正地覺醒，體認今天自然環境問題
的嚴重性及急迫性，做出及時、有效的挽救措施，防止
這個世紀末災難的發生。

當今，我們應當要更加了解自己的處境，設法利用最少
的天然物資，做到幾乎零汙染、零廢料的研發和生產方
式，並且避免使用有礙健康、破壞自然生態的物料和製
程。此外，如何掌握開發替代能源技術，也是產業界應
該努力的方向。

做為一個企業人，我選擇面對問題並及早改變。」[12]

## 推動環保永續發展不遺餘力

台灣很少人像鄭崇華一樣，一天到晚都在談環保。「你如果
趕時間，千萬別跟鄭老闆聊環保。」一位資深記者打趣地說。因
為只要談環保，鄭崇華就會盤古開天地暢談他的環保理念，還會
逐一展示他所有的具體作法。[13]

「君子之德風，小人之德草，風吹草偃。」由表 4-5 可見，
台達高階管理者對環保的講話所產生耳濡目染的效果。

表 4-5　鄭崇華針對環境保護的講話

| 時間 | 場合 | 講話 |
|------|------|------|
| 2004.6 | 《天下雜誌》記者專訪海英俊 | 在公司的使命宣言中，就是為了更美好的未來，提供創新而省能源的產品 |
| | 《天下雜誌》記者專訪台達大陸區執行副總裁鄭平 | 對員工持續地進行環境教育是企業文化的一部分，為了要能夠全面推動員工訓練，大陸工廠每天的廣播都會告訴員工，甚至在員工電影院，電影開始前的十分鐘，都會放映「綠色地球我的家」影片來全面推動環境的教育 |
| 2004.10 | 《遠見雜誌》記者專訪 | 節約能源是這一代應該為地球做的事情 |
| 2005.5 | 接受《今周刊》記者專訪 | 我認為台灣從事環保節能是有機會的，能真正成為一個綠色的寶島。有許多政策是需要民間跟政府一起來推動，能源科技只是時間的問題，環保也是人類得面臨的挑戰。我深信，早點執行環保節能將會對人類有幫助，未來環保節能也將是一個商機<br>雖然說，普遍實施環保建築（或綠建築）還言之過早，不過台達已決定現在和未來蓋的建築物，都將以環保建築為主，例如 2005 年 8 月完工的南科廠房，就是一例。我們要有新的工業革命，觀念要改變，作法也更要改變 |
| 2005.6 | 《遠見雜誌》記者專訪<br>《財訊月刊》訪問技術長梁榮昌 | 雖然我們的力量有限，但還是要努力去做環保工作。不斷思考如何才能讓企業永續經營？台灣產業的下一步會在哪裡？台灣有什麼樣的核心能力走向下一個世紀？審慎思考未來的走向後，我們覺得綠色能源是很重要的一環 |
| 2005.9 | 台達企業形象暨公共事務部訪問海英俊 | 我們會繼續在電源管理的領域中提供更有效率、更環保的產品與解決方案，新開發的產品與技術，也都將以節能環保同時作為出發點與目的，讓這種信念始終如一 |

表 4-5　鄭崇華針對環境保護的講話（續）

| 時間 | 場合 | 講話 |
|------|------|------|
| 2005.10 | 《天下雜誌》記者專訪總經理柯子興 | 台達很早就在電腦的電源供應器中建置了省電的設定，在企業內部、營運方向上，也都持續地推廣環保的作法，例如在總部裝設太陽能板、未來進行太陽能板的研發生產等 |
| 2005.11.12 | 第三屆全球華人企業領袖高峰會 | 21 世紀值得我們人類要好好學習，不要對自然物資和能源再繼續地做無謂的浪費，這樣對將來影響實在很大，這個契機是值得我們去把握的，而這個機會就是現在<br>掌握時代的方向，強化產品和服務，並且注重環境，增加節能，就會掌握商機<br>以大趨勢來看，掌握到節能和環保不僅不會對台達產生太多的壓力，同時它就是掌握了一個商機，因為這個時代就是需要節能和環保<br>我認為大中華經濟圈應該要善用科技，把環境和優質的生活放在同樣的地位；產品的製造設計必須要兼顧到使用者和環境的需求，來尋求自然資源使用的極少化和效率的極大化 |
| 2006.1.4 | 《工商時報》記者專訪柯子興 | 真正的企業社會責任和永續經營，應該以長遠的眼光看待能源短缺問題，而不是把問題遺留給後代子孫<br>如何把「科技」、「教育」跟「環保」結合，是董事長堅持執行，也是全體員工終身學習的一部分 |

# 以「地球防衛隊隊長」自居

2005 年 1 月 17 日出刊的《商業周刊》中人物特寫專欄，以「台達董事長想當地球防衛隊長」為標題。第 7 章之貳提到 2004 年底，鄭崇華釋出老股，籌資 48 億元，記者詢問他怎麼用這筆

錢，「天文、海嘯，外太空，所有防止地球的危機，都可以發展
（事業）。」鄭崇華儼然一副「地球防衛隊隊長」的口吻說著，
接著滔滔不絕地談起他在「探索」頻道裡得知的環保新知。從這
位綠色企業家專注的神情看來，彷彿眼前的財報、獲利數字，對
他來講，才是像外太空這般遙遠的事。[14]

## 愛地球，企業環保長帶頭做

之所以被媒體譽為台灣第一位「企業環保長」，其來有自。
鄭崇華極為重視地球環境的保護，自創立台達開始，就把環保節
能視為經營使命，持續致力提升產品效率及開發替代能源產品，
教育員工落實綠色設計的概念。在產品研發的初期就導入環保節
能的概念，以市占率最高的電源供應器產品為例，台達把電源效
率從早期 60～70%，提升到 2006 年 90% 以上。每年可以為地球
省下數億度的用電量，對於環保居功厥偉。

全球暖化的問題，最是讓鄭崇華念茲在茲，憂心不已。他表
示：「全球暖化問題的嚴重性與迫切性，使得人類必須立即採取
行動，我們所做的還不夠，除了減少能源使用，降低二氧化碳排
放之外，還需開發更環保的新能源，並提高設備使用效率，達到
節能的目的，一定要竭盡全力地來防止地球暖化。」

大聲疾呼之外，鄭崇華更是身體力行，於 1990 年自掏腰包設
立了台達電子文教基金會，參與並贊助各項環保活動，同時興建
綠建築。

# 參、環境管理的標竿：日本新力

日本新力（有譯為索尼）經過種種的努力，終於成為全球消費電子產業在環境指標上的領導企業。2009 年 3 月，綠色和平組織針對全球數十家 3C 電子公司的環境表現做出評比，而新力在環境管理、能源使用等多個項目居於全球第五地位。

新力的祕密武器是什麼？

## 不寫介面集團

推動永續發展的生態型公司不少，其中之一是《天下雜誌》，2002 年 7 月 15 日大力介紹的美國地毯公司介面集團（Interface）。但基於行業特性（新力是台達的大客戶）和知名度，像 2008 年 6 月時，經濟部工業局專案委託財團法人中衛發展中心，與資訊工業策進會共同成立推動的台灣綠色環境夥伴推動中心，主要是藉由新力在綠色夥伴系統推動的經驗，協助台灣公司建立能符合全球企業認同之綠色環境系統。由表 4-6 可見，新力在 2009 年 3 月綠色和平組織公佈的「綠色產品指南」中排名第五。

在進入本文之前，先看一下表 4-7，綱舉目張地了解新力的環境管理架構。

表 4-6　2009 年 3 月最環保電子公司

| 排名 | 公司 | 排名 | 公司 |
|---|---|---|---|
| 1 | 諾基亞 | 10 | 蘋果 |
| 2 | 三星電子 | 11 | 宏碁 |
| 3 | 索尼愛立信 | 12 | 松下 |
| 4 | 飛利浦 | 13 | 戴爾 |
| 5 | 新力 | 14 | 聯想 |
| 6 | 樂金電子 | 15 | 惠普 |
| 7 | 東芝 | 16 | 微軟 |
| 8 | 摩托羅拉 | 17 | 任天堂 |
| 9 | 夏普 | 18 | 富士通西門子 |

資料來源：綠色和平組織。

表 4-7　日本新力公司的環境管理

| 組織層級 | 說明 |
|---|---|
| 一、公司 | |
| 1.企業的公民責任中的生態效率目標以2000 年為準 | 公司創立時，公司設立意旨書上：「我們不希望賺到全世界的錢，更要贏得尊敬與信賴」。 |
| ·2005 年目標 | 1.5 倍 |
| ·2010 年目標 | 2 倍 |
| 2.營運計畫 | |
| 二、核心活動 | |
| (一)研發 | |
| 1.研發 | 產品面採取產品 ss-00259 的驗證機制 |
| 2.設計 | 推出越來越輕、越來越省的能源新產品 |
| (二)生產 | |
| 1.採購 | 針對供貨公司，採取「綠色夥伴」（Green Partner）的認證制度 |
| 2.產品類型和工廠管理 | 針對有害物質及重金屬的減量使用，設計許多目標 |

表 4-7　日本新力公司的環境管理（續）

| 組織層級 | 說明 |
|---|---|
| 3. 風險管理、公共安全和員工健康 | (1) 無鉛焊接<br>　　在所有家電產品、零件及維修過程中使用無鉛焊接劑<br>(2) 符合 2006 年的歐洲環保指令（RoHS） |
| (三) 行銷 | |
| ・銷售、市場、售後服務 | |
| ・使用後資源回收管理 | (1) 目標：零廢棄物<br>(2) 例外：有廢棄物情況<br>・推出一項新的顧客服務「交換和維修計畫」，嘗試改變「用後即丟」的消費文化，而能擔負起「我賣的東西，我負責回收」的責任<br>・新力的減廢努力在 2001 年 3 月創下一個新的境界：在日本的半導體事業部透過減廢、再利用和回收超過 99% 廢棄物，而達到零垃圾掩埋的目標 |
| 支援活動 | |
| (一) 財務管理 | |
| (二) 資訊公開和溝通 | |

# 目標的達成

2002 年，新力訂下了極具挑戰性的目標，要在 2005 年提升生態效率 1.5 倍，2010 年提升二倍。

新力「2005 年**綠色管理（即環境管理）**方案」涵蓋了整個企業營運和產品生命週期，具體的目標包括省電、減輕產品重量。

---

## 小檔案

### 日本新力公司

・成立時間：1945 年，日本東京市
・董事長兼執行長：史川傑（Howard Stringer），2005 年接任
・總裁：史川傑兼任
・營收：2008 年度（2008.4～2009.3）營收 8.87 兆日圓（約 2.6 兆元）、虧損 14 億美元（462 億元），1995 年來第一次虧損。
・員工數：18.5 萬人
・產品：PS 系列是旗下子公司新力電腦娛樂公司（SCE）的產品。
　　　　以第 3C 產品為主，以第 3C（消費電子）為主，包括液晶電視（Bri-via）、數位相機、DVD 播放器、半導體晶片與第 1C 的筆記型電腦。

---

### 研發

以 2001 年度為例，新力在電視的研發，額外多投入 0.4 億美元，卻換得 1 億美元的成本節省，詳見表 4-8。

### 表 4-8　對環境友善的產品設計

2001 年度新力電視產品的綠色管理效率

| 層面 | 改善效率 | 省下成本（億美元） |
|------|---------|-----------------|
| 能源節省 | 2.4 千瓦／時 | 0.81 |
| 保麗龍包裝減量 | 182 噸 | 0.058 |
| 鉛的減量 | 34 噸 | 0.123 |

＊：kwh，千瓦小時，即電的計量單位「度」。
資料來源：新力。

當然，想成為注重環保的「綠色企業」，在進行**科技環保**之時，公司內部會面臨反對聲浪，例如省電可能限制產品的效能；採用無毒或可回收的零組件，又會導致成本上升等問題。

以錄影機為例解釋，1980 年代 BMC-100 型的錄影機，重量2400 公克，耗電 12 瓦，但到 2000 年 DCR-PC5 型的錄影機，重量和耗電就只剩六分之一，詳見圖 4-1。

耗能也是電子產品的主要環境負荷之一，因此許多家電公司亟思如何提高能源效率，不僅可以降低產品售價，還會大幅降低氣體排放。以歐洲來說，家電產品每年要耗用 36 兆瓦小時（TWh）的電力，預計 2010 年將增加至 62 兆瓦小時。

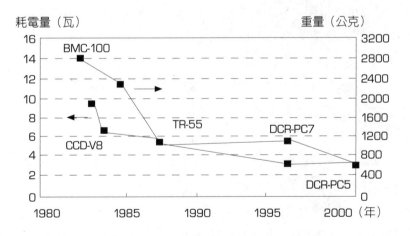

圖 4-1　新力錄影機的重量、耗電量歷史沿革

資料來源：新力。

新力全球環境事務總督導沙諾（Sumio Sano）表示，「我們不斷從產品研發階段，去思考如何提供高附加價值，以及耗用更少資源的產品」。

從 1996 到 2000 年間，新力在歐洲銷售的攝影機待機電力消耗下降了 76%。2001 年，新力設定 2005 年的目標為，把 DVD 電視及充電式行動電話等產品的使用電力消耗減少三成，即待機電力低於 0.1 瓦特。

### 生產

生產過程範圍涵蓋**「源頭管理」**，即涵蓋上中下游的供貨公司，底下將分別說明之。

2003 年起，新力對供應鏈提出的環保品質要求，即制訂各種綠色採購標準，要求供貨公司必須符合「無毒性」、「可回收」及「省能源」的標準。

2008 年 4 月 16 日，資策會跟新力共同簽署備忘錄，雙方共同推動「台灣綠色環境夥伴推動中心」，新力協助台灣的原料供貨公司和科技業者，建立綠色環境認證系統。新力採購中心供貨公司關係部部長伊藤正志表示，台灣是新力第一個把綠色環境夥伴制度推廣到海外的地區。[15]

新力的全球工廠和九成的辦公室目前都已取得 ISO14000（針對環境）的認證，從企業的營運到產品的生產和回收，建立系統性的環境管理。

「科技的研發和系統性的思考是減廢行動的支柱」，新力有

鑑於此,自己研發處理有毒廢水的技術,包括把含氟酸的廢水,中性處理後轉成製水泥的原料,把氯乙酸回收成原料等。

對於其他產業來說,新力零廢棄物的努力則提供另一個層次的思考:與其在產生廢物之後,再來思考如何處理,不如在產品和製程的研發時,就考慮如何回收。[16]

# 肆、台達的綠色管理

「人類因夢想而偉大」,但是唯有執行,才能使美夢成真。在台達公司的使命宣言中,「為了更美好的未來,提供創新而省能源的產品。」海英俊指出,每一次開策略會議,鄭崇華都要一再強調公司的使命。本節先「抓大放小」地說明台達的綠色管理的作法。

## 策略

如同本章之貳所介紹日商新力公司的環保作為,台達的綠色管理可從下列二大方面進行探討。

### 產品面
台達透過產品來抓住綠色商機。

### 生產面
本章之伍、陸,說明台達經由綠建築、綠色生產來愛地球。

## 組織設計

台達並沒有在環保方面設立副總裁位階的任何功能部門，以同樣遵循《綠色資本主義》一書主張的美國通用電器集團來說，2005 年初，推出「生態想像」（Ecomagination）計畫（註：其中之一是推出公司廢水處理系統），其中關鍵之一是「職有專司」，設立一級主管「永續長」；以落實獲利跟環保績效並重的考核。[17]

在這方面，2005 年起，鄭崇華擔任台達的環保長，詳見第 5 章之貳。

## 企業文化

啟動這樣一個由上而下、再由下而上的公司學習改造機制。

台達大陸區執行副總裁鄭平表示，「持續的環境教育，是台達電子文化的一部分，」為了要能夠全面推動員工訓練，大陸工廠每天的廣播都會教育員工，甚至在員工電影院，電影開始前的十分鐘，都會放映「綠色地球我的家」來全面推動環境的教育。[18]

### 革命要先革心

傳統的資本主義忽略了最大的資產存量——自然資源和生態服務。本書三位作者在書中強調地球資源是有限的，要是工業發展不能考慮到生態資源跟環境共存，將付出更大的代價。

這本書可說是首次把永續性、實用且具獲利能力的商業原則，有系統地綜合成「**綠色資本主義**」的理論基礎，領先規劃出

符合經濟成本與生態保育的工業發展方式。

　　綠色資本主義適當地考慮環境，邁向解決環境損害的第一步，就是提高資源生產力，用較少的材料生產更多的產品，從每單位能量或原料投入中，獲得相當於以往一百倍的收益。同時，重新設計工業流程，使其達到零廢料的目標，提升價值和服務，且進一步對維護和擴大自然資產進行投資。

---

**小檔案**

### 《綠色資本主義》──創造經濟雙贏的策略

· 作者：保羅 · 霍肯等
· 譯者：吳信如
· 出版公司：《天下雜誌》
· 出版時間：2002 年 8 月

---

　　2004 年，鄭崇華第一次接觸到《綠色資本主義》這本書，興奮地睡不著覺，因為自己多年來奉行的生態環境、清潔能源想法，竟得到知音。不僅作者的概念跟他相近，更驚人的是強調環保、生態的綠色主義，也可以發展成一種產業，成為企業經營的一環。

　　如今東莞廠的每位主管都人手一本並且詳加熟讀，還分組組成讀書會，再依照書中所提的生態思考提出工廠流程的改造方案。他們開始各種清潔、節能的方案，評估成效之後，就立刻推廣到其他工廠。

　　鄭崇華除了大量購買這本書分送給員工閱讀外，更把此書連同台達文教基金會出資拍攝李國鼎先生與孫運璿先生的紀念光碟片，一起放入贈送客戶及貴賓的禮物袋中，足見其對此書的推崇。

　　他認為，一般環保的書大都著重於「問題」，但這本書提供了「解決方案」，他希望推廣更多企業董事長閱讀。[19]

　　2006 年 3 月 1～8 日，每晚七到九點，鄭崇華率領一級主管，在台灣大學管理學院地下一樓教室上課。

　　台上講師是來自美國洛磯山研究中心（RMI）的創辦人艾默立‧羅文斯（Amory Lovins），他以《綠色資本主義》一書揚名國際。

　　高齡七十歲的鄭崇華，準時七點出現在台大教室，邊聽邊寫筆記，還不時向一旁的海英俊討論內容；遇到不明白之處，也會舉手向老師發問，十分好學。

　　這就是鄭崇華，即使身價超過百億元，台達市值也超過 1400 億元，但學習新知的態度完全沒變。

　　當環保跟商機衝突時，鄭崇華選擇環保，他曾希望研發部讓台達所生產的背投影電視機，能朝向使用年限一百年的目標努力，而這樣的決定還被對手批評為不會作生意！

　　海英俊說，生產電視，當然希望用戶超過年限就換，這樣公司才會賺錢。一台電視看一百年，那麼公司就沒利潤了，儘管如此，董事長還是堅持這麼做！[20]

2009 年 6 月 20 日，台達的前投影機「HT-8000」機型，在台北國際電腦展中獲得「iF 設計與創新獎」，原因在於這是全球第一台採用 LED 燈泡的投影機，比傳統燈泡省三成的電力，且燈泡可持續使用 2 萬小時以上。

每當走進台達位於台北市的內湖區的總部，就可以感受到鄭崇華對於環保的強調，整棟樓採光大量使用太陽光作為照明光源，同時巨大的背投影視電牆上也不斷地播放綠色環保的畫面。

2005 年底，台達網站公佈，員工票選企業 10 大重要事件，跟台達推動環境活動相關的事件就佔了 6 件，可見鄭崇華的環保理念深植員工的心裡。

2006 年 4 月 25 日，台達舉辦 35 週年慶的特展，由同仁網路票選的「環保、節能、愛地球」為展覽主題。

# 用人

在用人方面，還沒看到台達對於徵人資格、雇用契約特別強調對環保的重視。

# 領導型態——生活化，落實節能

科技圈的人士談起鄭崇華，幾乎要把他跟環保劃上等號，鄭崇華對環保的熱愛，或者說對環保的「瘋狂」，可說令人嘆為觀止。

鄭崇華在日常生活中也處處講求環保優先，只要是環保產品，他一定先購買使用，談到這點，自己也不禁要爆料，前一陣

子還因為想把家中的老冰箱換成環保節能的產品，被老婆批評為「浪費」，一度引起兩夫妻間的「關係緊張」。[21]

鄭崇華認為在不影響生活品質下，就能夠輕鬆節省一半的用電，何樂而不為呢？2008 年，他老家裝修，全部都以省電燈泡代替傳統燈泡，可省電四、五成，未來使用 LED 燈泡，更只要十分之一的電力。[22]

## 綠色績效

「自古無場外舉人」，由表 4-9 可見，台達從 2000 年以來，在綠色生產所獲得的績效。為推動環保，台達在 2001 年於大陸吳江蓋新廠時，就努力尋找高階的化工人才，設立無毒性物質的實驗室，當時沒有人在做這樣的事情。後來，果真成為大陸第一家被認可的企業無毒實驗室。

表 4-9　2000～2008 年，台達在綠色生產的績效（舉例）

| 程度 ＼ 年 | 2000 | 2004 | 2005 | 2006 | 2007 | 2008 | 2009* |
|---|---|---|---|---|---|---|---|
| 一、積極 | | | | | 加入「電腦產業拯救氣候行動計畫」（CSCI）成為贊助會員。 | 2008 年 1／2 月號的 CNBC 歐洲商業雜誌，公布第二屆「全球百大低碳公 | 2009 年 10 月，Frost & Sullivan 研究機構的亞太地區第一屆環保貢獻獎，台達 |

表 4-9　2000～2008 年，台達在綠色生產的績效（舉例）（續）

| 程度 ＼ 年 | 2000 | 2004 | 2005 | 2006 | 2007 | 2008 | 2009* |
|---|---|---|---|---|---|---|---|
| | | | | | | 司」，台達是唯一上市的台灣公司。 | 是唯一獲獎的台灣公司。* |
| 二、消極 | | | | | | | |
| 1.符合標竿公司認證 | 獲得日本新力公司「綠色環保夥伴」（Green Partner）認證 | | | | | | |
| 2.符合國際環保認證標準 | | 符合歐盟的二項環保指令：WEEE、RoHS | 美國環保署的環保計畫「能源之星」（Energy Star），台達取得標準 | | | | |

* 註：加入「Green Grid」（綠色電網）組織。

　　雖然台達努力在符合歐美客戶的環境和社會要求，但迄 2004 年為止，尚未推出每年的《社會和環境報告書》，也還沒有進行更先進的溫室氣體盤查和減量，海英俊對此肯定地表示，這是一個未來一定要走的趨勢。[23]

# 伍、綠建築

根據環境專家推估，全球建築相關產業消耗地球能源、水資源的 50% 及原材料的 40%。同時產生 50% 的空氣污染、42% 的溫室氣體、48% 的固體廢棄物，建築產業顯然是破壞地球環境的禍首之一，自然也就成為環保的主要重點。

環保節能的觀念，早在鄭崇華兒童時就已經深埋在他的心裡了。小時候住在福建鄉下，夏天天氣燠熱，根本無法到街上玩耍，只能在家裡跑來跑去，但是家中卻是涼快無比。中國老式建築原本就有**綠建築（Green Building）**概念，雖然比不上冷氣機的泌涼心脾，但日子過得也很不錯。

鄭崇華表示，綠建築簡單地說，就是可以大量運用自然環境來節省電能，包括種樹都是一種方式，而改善環境的效益也遠大於運用新科技產品「強迫省電」。[24]

## 綠屋頂計畫，幫芝加哥降溫

1995 年 7 月中旬，美國芝加哥市連續五天受到熱浪襲擊，每日的溫度變化，竟然從攝氏二十多度竄升至四十度上下。每棟大樓冷氣空調的高耗電量，讓電力系統幾近癱瘓，將近五萬人無電可用。救護車在街廓上大排長龍，等著要把中暑的病患送進醫院。

氣候暖化加上**熱島效應**（註：冷氣、汽車廢氣等造成高溫），創下一週內熱死 739 人的記錄，讓芝加哥名副其實地變成

人間煉獄。

1989 年上任的芝加哥市長德雷，看到芝加哥每年面臨越來越嚴重的熱浪襲擊，苦思如何幫城市降溫。

1990 年代末期，德雷市長到德國旅遊，看到當地房屋屋頂種滿了植栽，經過詢問後，才知道德國人在屋頂上種的花花草草，看上去雖不起眼，卻可避免屋頂直曬，幫助建築物降溫，下雨時還可以減少雨水流失、協助貯水，並降低用電與水資源的消耗。

德國經驗帶給德雷靈感，2000 年，他站在芝加哥市政廳的樓頂上，宣示推動美國首創的「**綠屋頂計畫**」，要幫芝加哥降溫。

他選擇當地的原生種植物，用矮樹與草皮，把原本生硬灰冷的市政廳樓頂，裝飾得生機盎然。

市政廳的綠屋頂計畫成功後，引發熱烈響應，迄 2008 年初，已有 200 萬平方英尺（5.6 萬坪）屋頂綠化了，這股綠屋頂熱潮從芝加哥吹向亞特蘭大、西雅圖和多倫多等城市，在北美蔓延開來。[25]

## 國內的綠建築

台北市居民最常見到的綠建築（green building），應該就是市立圖書館北投分館。2008 年 6 月，市長郝龍斌推廣節能減碳的電視廣告，便是以此館來做示範。至於綠色「廠辦」（工廠與辦公室）的最佳典範之一，則以台達南部科學園區的工廠（簡稱台達南科廠）最著名。

台達位於台北市的總部蓋得早，由於來不及適用綠建築的條件，但為了至少能達到「綠屋頂」的要求，就在屋頂設立生態池，不僅有隔熱效果、減少冷氣等使用量，也是員工紓解壓力的世外桃源。

2000 年時，國際上開始風行綠建築，美國綠建築協會也推出 **LEED 綠建築認證制度**（Leadership of Energy and Environmental Design）。2005 年 4 月下旬，台灣成為世界綠建築協會第九個會員國。富邦福安紀念館大樓是台灣第一棟從設計開始，就朝綠色的商用建築。

2003 年，當台達計畫興建南科廠房時，鄭崇華剛好接觸泰國的綠建築，因此決定在台灣興建第一座綠建築廠辦，可以開放所有人參觀，作為教育、示範的基地。「有成功模式給人家看，大家就會相信。」他說。

為了徹底了解具節能效應的「綠建築」理念，鄭崇華聘請成功大學建築系教授林憲德（1954 年次，東京大學建築工學博士，設計嘉義市二二八紀念館）來台達開班授課。2004 年，鄭崇華帶著基金會和台達主管，實地探訪泰國的綠建築社區，研究他們如何只用正常用電量的 6.25%，卻可達到同樣的生活品質。

「我退休以後要到建築系上課，學綠建築。」鄭崇華提到他的新學習計畫，內心充滿了興奮之情。[26]

鄭崇華表示，世界上建築物的能源用量，約佔總使用能量的四分之一到三分之一，排放的大量溫室氣體也是相同，建築物的

壽命高達幾十年，對於日後的能源使用影響久遠。基於珍惜地球的寶貴資源，期許台達新建的廠辦都是綠建築。[27]

例如，2008 年 10 月 8 日動工的旺能龍潭廠，但因桃園縣府未把工業區廠編公告，因此該廠施工喊停，但一旦土地問題解決，旺能會依計畫建廠，目標是同時擁有美國 LEED 與台灣內政部綠建築認證的環保建築。

## 2005 年，第一座綠建築廠辦落成

位於南科的台達廠房，聘請林憲德當顧問、在建築師石昭永設計下，鄭崇華和高階主管，還特別走訪歐洲、泰國等地，參觀國外知名綠建築，加入自己的設計中。

台達南科廠，2004 年開始動工，2005 年 11 月完工，佔地 1.89 公頃，主要以生產不斷電系統、機電、太陽能轉換器和車用電子等產品為主、擁有 260 位員工。[28]

## 2009 年，榮獲鑽石級的綠建築標章

2000 年，內政部建築研究所開始推動綠建築，開始受理申請「綠建築標章制度」，2000 年起強制要求綠建築標章認證審查，台達南科廠是內政部綠建築編號第 100 號的建築物，也就是在之前，已經有 99 座建築物以綠建築物的型態設計。這顯示台灣企業對於綠建築的潮流發展已有共識，只不過九項指標（詳見表 4-10）不見得都能達成，台達南科廠是第一座九項指標全部達成的

表 4-10　台達南科廠符合綠建築 9 項指標

| 內政部建築研究所綠建築 9 項指標 | 台達南科廠的作法 | 4R 原則 |
|---|---|---|
| 一、綠 | 綠色工法興建 | |
| 1.綠化量 | 廠區內種植 400 棵以上的原生喬木，以降低室內溫度，減少使用冷氣 | |
| 2.生物多樣性 | 平均每年可提供 1 萬隻鳥類，和 120 萬隻昆蟲的食物來源，以追求生態多樣化 | |
| 二、電 | 節省 30% 的能源，一年約 180 萬元 | |
| 1.日常節能：標準是每平方公尺耗電量（EUI 值）241.9 度 | (1)太陽能發電：在屋頂加太陽能板。<br>(2)電力效率化：<br>・玻璃、隔熱、屋頂、牆壁等都是採用可以隔絕外部的熱進入屋內的設計。<br>・自然採光<br>・感應燈光等節能燈具<br>・變頻與儲水的空調系統 | 再生（renewable 或 renewing）節能，即減少（reduce 或 reducing）使用能源 |
| 2.二氧化碳減量 | ・減少 4234 噸 | |
| 3.室內環境 | | |
| 三、水 | ・節省 40%的水資源 | 再利用（recycle 或 recycling） |
| 1.基地保水 | ・雨水回收 | |
| 2.水資源 | ・用水效率化、省水裝置 | |
| 四、減廢 | | |
| 1.污水垃圾改善 | | |
| 2.廢棄物減量 | ・再生建材：包括磁磚、玻璃<br>・營建廢棄物減量 10% | 再利用（reuse 或 reusing） |

綠建築。

2006 年 12 月 4 日，台達南科廠舉辦授證典禮，獲得內政部第一張「黃金級」的「綠色建築」標章，也同時拿下其「2006 年最佳優良綠建築大獎」。

2009 年，獲評鑑升級為「鑽石級綠建築」。內政部建築研究所所長何明錦表示，希望所有的公、民間建築的設計，都能以台達南科廠為標竿。[29]

### 綠化量

走進台達南科廠區，目光所及的盡是大量種植的草磚、生態池及草地，跟一般的科技廠截然不同。台達廠辦標榜一座結合生態、節能、減廢、健康的綠建築暨教育實驗場所。

### 生物多樣性

廠區內有 400 多株的大小喬木及 3,000 多株的灌木，全部都是台灣原生樹種與誘鳥、誘蝶植物，由生態密林和生態水池組成的綠色生態中庭，創造了一片提供野鳥昆蟲棲息的原生植物密林和生物多樣化綠地。預計每年可提供 1 萬多隻鳥類與 120 萬隻昆蟲的食物來源。[30]

### 日常節能

這棟建物從窗戶設計開始，便計算日照型態以及採用阻隔紅外線的玻璃，讓辦公室不需開太多的空調。建物正面朝北，因為北向的日照穩定，台達在正面使用 Low-E 的低能量、低幅射玻

璃，可以隔熱透光，省掉空調、照明的用電，東西向部分則是以不同方向的窗戶避免太陽直射，讓太陽發揮到照明的功能，卻避免因日曬造成室內溫度上升。

北面朝向的問題是冬天風大，一樓大門的前景除了造景，最重要的是還有擾風的功能，冬天時可以阻隔風向，減低大門的風壓。

員工平常的習慣也影響到節能的成果，例如彈性照明的開關，讓坐在窗邊的人可以選擇不開燈；樓梯就設在大門一進來最顯眼的地方，讓人自然的選擇走樓梯，這不只是節能，還可以健身。

依據經濟部 EUI 值的標準，每年每平方公尺樓地板面積的耗電量要在 241.9 度以下才是節能建築，南科廠只有 148 度，只有標準值 59.4%，比一般的節能建築還省了 4 成的用電量。這還是相對於辦公大樓的用電量，南科廠是廠房建築，廠房的用電量大都使用於大型機台與電源供應器的相關設備，用電量更高於一般的辦公室。也就是說，實際上，南科廠所節省的能源還遠高於這個數字。

2007 年，南科廠還做了電力回收系統，以往電源供應器製造過程中的測試、充電、放電會消耗掉不少電力，2007 年後約可回收 75～85% 的電力。

---

**小檔案**

　　**Low-E（Low Emissivity）**玻璃就是低輻射玻璃，利用玻璃表面特殊金屬鍍膜（硬鍍膜或軟鍍膜）或 PET 貼膜，採物理 PVD 真空濺鍍方式，來降低太陽輻射熱，並保有良好透光率。

---

　　在節能目標方面，值得一提的是，全球最好的記錄是用電量只有一般建築的 6.7%，鄭崇華因此給同仁的目標是，開始要省一半電，然後再一半、再一半、再一半。[31]

### 二氧化碳減量

　　人們一打開大門，透過空氣浮力塔，氣流進入室內時，冷空氣留在室內，熱空氣會上升到上層，由頂樓的空氣浮力塔排出，即可隨時維持空氣的清新。比起一般冷氣最強勁的無塵室，空氣中二氧化碳含量約 600 ppm，南科廠只有 530 ppm，比室外的 200〜300 ppm 高出不多，讓員工有更好的工作環境，也避免室內因過高的二氧化碳讓人昏昏欲睡，提不起精神做事。

### 室內環境

　　台灣本屬高溫高濕的亞熱帶海島型氣候，室內環境很容易成為細菌、霉菌的溫床，而室內空間長時間無新鮮空氣交換，因而「病態建築症候群」病例時有所聞；加上地狹人稠，大多數室內空間均有人口密度過高與裝修建材使用過量的情形，造成許多材料浪費並產生新的室內汙染源。

　　尤其是室內裝潢建材在製造過程中，為了性能考量添加各種

化學物質，以致房屋裝修完成後，這些化學物質隨著時間和溫度變化，大量地散發在空氣中。其中甲醛是一種已經被證實的化學致癌物質，有必要特別注意居家或辦公場所的建材安全性。

此外，根據研究證實，如果生產一公噸的水泥，將會排放 0.85 噸二氧化碳，因此，為了符合環保，最佳的做法就是減少混凝土中的水泥用量，竅門之一不外乎使用飛灰、爐石粉和矽灰等。[32]

有鑑於此，綠建築推動方案把室內環境品質納入評估，並建立綠建材制度。「**綠建材**」，係指在原料採取、產品製造、應用過程和使用以後的再生利用循環中，對地球環境負荷最小，對人類身體健康無害的材料。

---

### 小檔案

#### 綠建材

1988 年，國際材料科學研究會中首次提出綠色建材觀念，「綠色」是指其對永續環境發展的貢獻程度。

1992 年，國際學術界才為綠建材下定義：在原料採取、產品製造、應用過程和使用以後的再生利用循環中，對地球環境負荷最小、對人類身體健康無害的材料，稱為「綠建材」。

為了達到這九大指標，所使用的建材應具有「健康、生態、再生、高性能」等基本功能，並經政府或授權機構評審合格頒給標章，例如：選用無公害的奈米塗料。

綠建築興建成本可能貴一些，但是可以讓住戶更健康。美國有份調查指出，高品質的辦公環境可以提升員工 18% 的工作品質。「員工生病減少，請假就會減少，這就是賺到了。」鄭崇華笑著說。[33]

當我們推開南科廠大門走進大廳後，身處沒有冷氣的辦公室，卻絲毫不覺得燠熱；滿室的綠色植栽和自然採光，減少了一些職場給人的嚴肅氣息。安靜、涼爽與自然的風流，就是本建物給人的第一印象。

根據南科廠 2007 年 1 月所做的員工調查，員工的滿意度達 95%，連海英俊都嚇了一跳。更重要的是，員工的工作效率和生產力高出了二、三成，這也符合「《綠色資本主義》一書當中所說，企業推動環保和節能可達到提升效率的目的。」[34]

### 基地保水

透過雨水回收系統，每年可以回收 4,100 噸的水量，用在澆灌、馬桶、生態池上，一年約省下三個月的用水量。

### 水資源

主要是指用水效率化，包括省水水龍頭、馬桶等省水裝置。

### 污水垃圾減量

省水馬桶、資源回收等，皆有助於污水垃圾減量。

### 廢棄物減量

在建材方面的廢棄物減量有兩大方面，一是在興建時儘量使

用「再生建材」，讓資源能生生不息地循環使用。一旦日後建物拆毀時，也是如此處理，將可以減少營建廢棄物一成。

## 額外成本

有關於此廠房，為了達到綠建的標準，營建成本增加多少？2007 年 3 月 18 日，《經濟日報》專題報導，公佈答案：「建築成本 1 億元，比傳統工法高出 10～15%。」[35]

由圖 4-2 可見，綠建築的「**效益成本分析**」（一般俗稱成本效益分析），可說是「花小錢省大錢」。

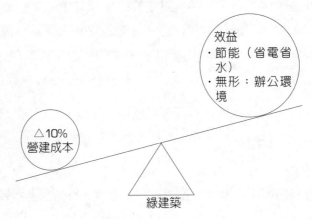

效益
・節能（省電省水）
・無形：辦公環境

△10%
營建成本

綠建築

圖 4-2　台達綠建築的效益成本分析

## 從示範到全面實施

鄭崇華對南科廠很滿意,並宣示未來新建的廠房,都會以綠色廠辦的標準來建造,甚至連捐贈給中央大學、成功大學的研發大樓,也全都是綠建築。

由於台達在環保領域的名號響亮,連對岸都有耳聞,在大陸中央政府當中地位崇高、負責整體經濟政策擬定的「發改委」(有點像台灣的行政院經建會),在 2007 年 1 月來台的緊湊行程當中,都還特地走訪南科廠參訪。[36]

# 陸、綠色生產:聯合國環境規劃署的清潔生產

台達身為電源產業的領導者,鄭崇華非常在意留下乾淨土地給子孫,因此他非常重視節能、環保。本節依時間順序,重點說明台達如何做到綠色生產。

## 無鉛銲錫

1990 年代,鄭崇華就開始研究如何減少印刷電路板的重金屬汙染問題,即使當時無鉛銲錫的成本高於含鉛銲錫十倍,他還是力排眾議把一條生產線改成無鉛製程。

無鉛銲錫的製程很複雜,不只是製程焊錫要無鉛,所有零件也必須無鉛,否則在製程中,在經過錫爐時,就會把鉛釋出。

1999 年時無鉛錫膏價格仍是有鉛的三倍，鄭崇華覺得兩倍價格對成本影響不大，公司還受得了，就開始試用，並在新廠中蓋起一個實驗室，專門負責檢查台達產品是否含重金屬。他認為這是一件很有價值、很重要的事，該做的就去做，這也使得台達成為最早使用無鉛銲錫的公司。

剛開始大部分員工都不禁在質疑：「這麼做，台達的成本優勢在哪裡？」經過不斷小量試產後，終於在價差 1.5 倍時投入量產。2000 年，新力旗下的新力電腦娛樂公司（SCE）的產品被檢驗出含有重金屬，正急於尋找解套出口。有一次新力來向台達採購一批要用在電視遊戲機 PS2 上且數量很大的轉換器（adapter），但前提是無鉛銲錫產品，問台達願不願意配合。鄭崇華當場告訴他們，台達送的樣品就是用無鉛銲錫，新力電腦娛樂公司人員馬上跑去生產線一探究竟，發現台達生產的無鉛銲錫就跟他們用的一模一樣，完全符合他們的要求，原來台達早已準備就緒了。後來新力集團就頒了**「綠色環保夥伴」**（Green Partner）認證給台達，同時還多給了一些訂單。台達就此成為新力綠色夥伴中，第一家日本以外的公司。這也是鄭崇華比別人更早看到環保在產業中扮演要角的實例。[37]

台達企業發展總經理蔡榮騰表示，「這麼做，卻能讓企業掌握比他人更好的競爭機會與利器。」「剛開始吃虧，不代表後面走得吃力。」蔡榮騰說。此事讓台達更堅定對環保的信念，把環保節能視為核心事業，持續開發替代能源產品，以及興建綠建築

廠房，創造源源商機。[38]

## 符合歐盟環保指令

　　歐盟的各種法規要求，台達至少都領先三年開始因應。「要做生意，就得遵守這些規範。」鄭崇華的長子、台達大陸區執行副總裁鄭平指出。[39]

　　2006 年 7 月，歐盟電子電機禁用有毒物質指令上路，台達的東莞石碣廠早在 2004 年前就通過審查，每條生產線上都打有「不含鉛、鎘成分」的標示。

　　台達大陸區行政總經理曾紀堅驕傲地表示，環保不僅不會讓成本提高，反而會帶動商機，吸引不少歐洲的訂單。[40]

　　台達有上千家的供貨公司，每一批進來的產品都要檢驗。「這些都是成本，單單為了測試重金屬，台達就投資很多昂貴的儀器設備，所以吳江廠新設廠時，就先建重金屬實驗室。」海英俊表示。[41]

## 節能目標

　　鄭崇華設下每年節省能源 20% 的目標，總經理柯子興分析，能源管理在台達五年後，邊際生產力正逐漸遞減，未來必須考量同仁能力和公司目標，如何定下同仁做得到的節能目標，成為重要挑戰。

　　台達的能源管理依管理水準分成二階段。

### 第一階段

2001 年，台達開始進行辦公室和廠務的能源管理。

### 第二階段

2003 年，更加入科學調查，也就是，所有節能都透過決議，定出具體的數據。並先計算成本，設定節約能源的目標，以數字和調查來管理能源使用情形。

台達機電課長陳讚安指出，每次想出節能的標的，第一步會先計算成本。估算節能設備裝設之後，何時可以回本？

第一，能不開燈就不開燈。

走出電梯，初來乍到的訪客都會很納悶，這家公司今天不上班嗎？怎麼暗暗的？

原來在台達的公共區域，白天只使用部分的燈光，為了讓來訪的媒體拍照，工作人員還花了點時間才找到開關，「因為這些燈平常都不開。」台達的公關人員有些不好意思地解釋。

至於在辦公室內，除了員工頭上的日光燈是三管全開外，旁邊的走道，一律都只開一管日光燈。另外，如果仔細觀察，會發現三排電燈開關中間的那一排，都貼上了膠布，表示不能夠使用。而公共區域不開冷氣空調、利用太陽能板提供電力等等，更是台達早為人知的作法。[42]台北總部大樓的玻璃耗資 40 萬元貼上隔熱紙，這項工程主要是希望隔絕熱氣，但儘量不影響採光。

第二，安裝省電燈具。

台達全部廠區各辦公室的燈具都已安裝電子式安定器，能省

下 28% 用電，一個成本只要 500 元，兩到三年即可回本。但像是大樓頂的「DELTA」霓虹燈招牌，本想改裝成具省電和長壽命優點的 LED（發光二極體）燈，但計算後發現，LED 燈裝設費用比霓虹燈貴十倍以上，要六、七十年才能回本，不太划算，於是放棄。

考慮成本後，還要實地觀察，找出最適當的節能方式。台達地下一到三樓停車場，裝有感應式照明開關，感應到車子進來，才一區一區亮起。但每次亮燈時間究竟要多久？就得實地考察。節能小組的同仁特別站在停車場裡，觀察車子開進來需要的時間，自己也實際操作，最後抓出在地下三樓，停好一輛車，走出車門到電梯，約需要二到三分鐘。此外，地下一樓是水泥地板，地下三樓鋪上瀝青，因此，地下三樓裝設的燈就比地下一樓來得亮。

## 組織設計

能源管理區分為辦公室和工廠兩方面，各設有節能小組。

### 辦公室

總部的能源管理組織圖，由人力資源處長倪匯鍾擔任節能推展總召集人，辦公室能源管理小組（有時簡稱節能小組），主要由庶務課十人組成，每週開會，決議節能方式，再請研發、行政或採購單位配合。

從 2002 年，開始實施，從用水的節約、冷卻水塔用水回收再

利用、空調節能管理等都有規範。整體節能成效，包括每年可節省耗水量 4,262 度；一年省下 49.9 萬度的耗電量，累計 2005 年節約 114 萬元。[43]

在台達辦公大樓的樓頂，裝有一大片太陽能板，一年可以節省 5,000 度用電。

在冷氣方面，則是裝設自家機電事業部生產的變頻馬達控制器，大幅降低耗能。在結算之後發現，竟然省下六成的電費，每個月少則幾十萬元，多則上百萬元。

在頂樓露台則設雨水收集器，收集雨水澆花，並以廢輪胎材料放置頂樓，減少熱傳導近一半，節省冷氣電費。

令人驚訝的是，就連說服同事做節能，也都採用科學方式。台辦公室能源管理小組每年二月，會發下一份環境調查問卷，讓員工表達對室內空調、照明、用水和環境綠化的感覺，了解同仁對辦公環境舒適度看法，及節能是否影響環境品質。

陳讚安指出，辦公室四個燈管大部分只裝三個，冷氣維持在 26 度左右。但是每個人對溫度和光線的需求都不一樣，以照明為例，有人覺得亮度剛好，有人認為太暗。

根據調查，辦公室亮度在五百到七百流明（亮度單位）間最適當，辦公室亮度在此範圍內，節能小組人員即會以此說明，這樣的亮度，剛好不會傷眼睛。而需要看細小的電子零件，才需要七百流明的亮度，用數據說明後，同事容易理解，也較能接受。

對於認為空調不夠冷的同仁，就調到冷氣口附近位置；怕冷

的人則換到靠窗的地方。下午二到三點間，室內二氧化碳濃度較高，通常會感覺悶熱，節能小組會在這段時間，把冷氣溫度降低半度。

台達在許多環保節能的措施上，就展現了比別家公司更用心的態度。例如在辦公室內部，各部門都會進行環境布置比賽，並種植各種綠色植物，而且還能細緻到計算各種植物的減碳量。台達的男廁所中，還設有少見的免沖水奈米小便斗。

## 工廠

有七到八成用電消耗在工廠裡，在桃園廠內，由生產部、技術部、工程部和廠務各派代表組成八人節能小組，每月開會一次，檢討過去成效，和未來要實施的節能方式。

過去，電源供應器在出廠前，要經過**燒機測試（burn-in test）**，交流電流進電源供應器後，因為後面沒接上電器，常常轉化為熱能消散。廠務節能小組花了一年的時間，打造出可以回收七成電力的機器。

節能小組先是花兩、三天計算打造成本是否能回收，接著，工程技術部要跟生產部合作，把電力回收系統架在原有生產流程上，涉及到牽線問題，工程技術部可能認為某種牽線法是最低成本，但生產部卻認為會擋到原有物流，造成工作效率變差，建議另一種牽線方式，又摸索了一年，逐漸調整才做成。

台達把節能的經驗和技術回饋到自己的產品上，例如，在電信機房用的電源供應器，台達研發出一套能源回收系統，可以把

熱能轉換為電能，並達到 85% 的回收率，**電力回收系統**甚至外賣給其他有相同需要的公司。[44]除此之外，還在所有的塑膠射出成型機裝設馬達控制器，「一年就節省了三分之一的電力。」海英俊表示。[45]

2004 年，東莞石碣廠區開始使用太陽能熱水器，供應 40 棟宿舍、2 萬多名員工使用。當時預估要 10 年才能還本，不少主管認為不划算，但鄭崇華堅持做下去。2005 年起油價飆漲，2005 年就省下人民幣 300 萬元燃料費，不到兩年就還本了。

「兩年前董專長叫我花人民幣 580 萬元裝太陽能熱水器，那時我覺得好浪費，不切實際，今天我不得不佩服他的遠見！」退伍後就進入台達工作的曾紀堅，長年追隨鄭崇華，目睹鄭崇華對環保工作的執著與身體力行，印象深刻。[46]

走進東莞廠，員工早已養成關掉不必要電源的習慣，幾乎所有廢水、熱能都回收再使用。洗澡後的廢水回收拿來沖洗馬桶，雨水拿來澆花、養魚；就連機器開機時所產生的熱能也能回收，一年可省下 5% 的電力。2006 年，東莞地區持續缺電，政府下令減少一成供電，台達靠平日紮實的節電措施，輕鬆過關。

不只在台灣，台達也希望把環保節能的理念宣揚到對岸。

2005 年，台達發給大陸員工每人一個環保袋，就是期望減少塑膠袋的使用之外，也希望透過員工影響到他們的家人，為地球環保盡一份心力。

## 節能績效

2005 年，台達辦公室和工廠省下的水電費用 1100 萬元，占整體水電費比率約 37%。由此獲得經濟部節約能源績優公司。

2009 年 10 月 16 日，由知名研究機構 Frost & Sullivan 所主辦的亞太地區第一屆環保貢獻獎（2009 Frost & Sullivan Green Excellence Award）揭曉，「環保代名詞」台達雀屏中選，為第一家贏得此一榮譽的台灣企業，執行長海英俊親臨會場接受此一榮耀。

此獎是由國際研究機構 Frost & Sullivan 主辦，並由《華爾街日報》及 CNBC 兩大國際媒體贊助。透過市場觀察、資料分析及對企業的深度訪談，該機構慎重挑選出對於提升地球永續發展，以及善加管理對環境影響的企業或組織。

該機構推崇台達是卓越的環保節能企業，是全球第一家發表「企業綠色生活地圖」的先驅。該地圖中，涵蓋企業內部的環保節能設施和生態景點等資訊，開創全新的環保示範。

海英俊在領獎時表示，台達秉持「環保、節能、愛地球」的經營使命，持續致力於各項節能產品的開發，以節能、降低二氧化碳的排放來因應全球暖化的危機，這也是台達善盡企業社會責任的具體實踐。[47]

# 柒、台達電子文教基金會

1990 年 1 月，鄭崇華自費成立台達電子文教基金會，在用人方面，延攬了荒野保護協會國際事務部主任陳楊文，擔任台達文教基金會環境規劃主任。在環保活動方面，台達文教基金會跟主婦聯盟會合作，在小學推廣環保教育。他還捐出 200 萬元贊助公共電視播出「綠色地球我的家」。

2006 年為慶祝台達 35 年慶，台達發表介紹企業環保、節能、生態景點與設施的「綠色生活地圖」（Green Map）。甚至台達也不忘發揮影響力，把愛地球的理念，傳達到社會的每一個角落。例如捐贈給台北市圖書館北投分館，一塊綠色建築園地，提供節能相關書籍，也製作宣傳影片、發起國際學術交流……。

「我們要從自己開始，把環保價值，點串成面，變成一個全球動員的活動。」蔡榮騰期許著。[48]

台達基金會向社會大眾宣導節能和環保教育，例如 2006 推出的「住宅節能實作計畫」，就是鼓勵民眾自己把住宅設計為「綠建築」，優勝者可得 10 萬元獎金。

## 粉墨登場客串拍公益廣告

鑑於台灣免洗筷用量驚人，鄭崇華推行環保節能的形象頗佳，「探索」（Discovery）傳播集團為了借重鄭崇華在環保的說服力，力邀鄭崇華為動物星球頻道，響應全球暖化議題所作的一系列生態節目當代言人。2007 年 9 月首先推出「抗暖救水源」，

鄭崇華一口答應，拍了生平第一支廣告。

雖然說是第一次，鄭崇華卻相當得心應手，沒有 NG，一次 OK，因為身體力行作環保，即使面對攝影機，也能很順暢地說出來，展現十足的說服力。

2007 年 9 月 13 日，鄭崇華跟藝人楊丞琳同台，發起「一人一筷」的活動，呼籲大家停止使用免洗筷，從生活中非常簡單的方法開始拯救地球。同時第一次被許多影劇記者包圍，不過不是跟女星牽手鬧緋聞，而是手持環保筷，摸著融冰上的北極熊的手。

第一次出現在影劇版，是為了讓後代子孫還能再看到北極熊而奮鬥。[49]

環保署統計，2001～2005 年，每年免洗筷用量都高達約 5 萬噸（約 62 億雙）。2006 年起環保署推動機關學校餐廳內用飲食禁用各類免洗餐具後，當年免洗筷用量降到 4.6 萬噸，2007 年更大幅減少到 3.8 萬公噸（約 47 億雙），也就是每天用掉 1,300 多萬雙的免洗筷；其中便利商店的免洗筷用量，估計每年約 1,500 公噸、相當 1.8 億雙。

很多上班族或學生到便利商店購買便當或泡麵，大多帶回辦公室、教室或家中食用，過去便利商店常直接提供免洗筷給消費者，即使民眾有重複使用的筷子，也可能因為方便而直接使用免洗筷，造成資源浪費。

為減少資源浪費與達到節能減碳目標，環保署跟四大便利商店業者協商，業者表示願意配合，不再主動提供免洗筷，2008 年

7 月起實施，希望半年後可達到減量 20% 的目標。

## 以身做則是最佳宣傳

在基金會擔任數位媒體企劃專員的張楊乾，很早就開始每天計算自己製造多少二氧化碳的環保達人，從坐車、搭乘電梯、開記者會、一週吃三餐的素食等等食衣住行都記錄下來換算成碳的排放量，他稱為「**碳足跡**」（**Carbon Footprint**）日記本，算出自己每日生活中究竟要依賴多少石化燃料。

---

小檔案

碳足跡（carbon footprint）

碳足跡（指腳印）是指個人或公司的碳耗用量，而這又來自開車（耗油）、用電（煤碳、天然氣火力發電）。

---

關心要有能力

張楊乾大學念的是新聞，畢業後，投入媒體圈，跑過立法院新聞，最後接觸到暖化議題，覺得事態太嚴重了，決定轉行，遠赴英國倫敦大學攻讀全球暖化碩士課程。回國後就在一向重視環保的台達文教基金會工作，當起環保及生態宣導者。

「會開始記錄，是好奇自己到底排放了多少二氧化碳。」他說，他每天接觸許多暖化、減碳的資料，但從沒想過自己到底危害了地球多少、造成多少的溫室效應？

從 2007 午 7 月 3 日，張楊乾開始記錄每天的碳足跡，陳列在個人低碳生活部落格網站上，每天把碳足跡記載下來，就是為了留下資料將來可做比較，找出那種生活方式是屬高碳排放的行為。比如說，朋友造訪時，碳足跡會多五成，下次就會想辦法降低。[50]

**動手計算自己的二氧化碳排放量**

要做地球好公民，除了動手實踐，還可以進一步了解自己的二氧化碳排放狀況，詳見表 4-11。

表 4-11　算算你今天排了多少碳？ 　　　　　　單位：公斤

| 生活項目 | 活動 | 生活項目 | 活動 |
|---|---|---|---|
| 食 | 吃 1 公斤的牛肉　13<br>用 1 度瓦斯　2.1<br>外食吃 1 個便當　0.48<br>丟一公斤的垃圾　2.06 | 行 | 開車 1 公里　0.22<br>搭公車 1 公里　0.08<br>搭捷運 1 公里　0.07 |
| 衣 | | 育 | 使用筆記型電腦 1 小時　0.013<br>騎機車 1 公里　0.055 |
| 住 | 用 1 度電力　0.638<br>開冷氣 1 小時　0.621<br>搭 1 層電梯　0.218<br>用 1 度水　0.194<br>吹電扇 1 小時　0.045<br>開白熾燈泡 1 小時　0.041<br>使用省電燈泡 1 小時　0.011 | 樂 | 燒 1 公斤的紙錢　1.46<br>看電視 1 小時　0.096 |

資料來源：環保署、環境品質文教基金會。

有很多簡便的計算工具，例如跟美國前副總統高爾「不願面對的真相」電影相連結的網站 www.climatecrisis.net，以及 www.GreenHomeGuide.com，都有許多實用的資訊可參考。

更方便的管道就是環保署提供的簡易方式，來計算家庭二氧化碳排放量。台灣每戶平均 3.16 人，平均每月住宅與交通的二氧化碳排放量為 650 公斤。

### 大家一起來

張楊乾在部落格發表的一篇「對抗暖化，別以善小而不為。」的文章被大量的轉寄，文章中他提到，台灣每年排放將近 3 億噸的二氧化碳，台北市人平均每天的碳排放量為 16.7 公斤，如果每個人每天的碳排放量只有 8 公斤的話，人類就有可能把暖化溫度控制在攝氏兩度內。8 公斤碳排放量大概多少呢？以 5 公斤的碳排放量約等於一輛車在市區內開車 30 分鐘的汙染量，8 公斤就相當於 50 分鐘的汙染量。[51]

張楊乾減碳環保生活作法如下。

1. 盡量用省電燈泡；
2. 自己帶水壺和杯子，不用紙杯和不買瓶裝水；
3. 勤拔電器用品插頭；
4. 盡量不開冷氣，夏天時每晚以擦爽身粉和痱子膏之類來降溫，改睡涼蓆；
5. 每個星期吃三次的素食；

6. 夏天冷氣設定在凌晨 4 點關機（以每年少用 300 小時計算）

　　——每年可減 191 公斤的二氧化碳；

7. 睡覺前把電熱水瓶關掉（以每年少用 2920 小時計算）

　　——每年可減 93 公斤的二氧化碳；

8. 用曬衣繩取代烘衣機（以每年少用 70 小時計算）

　　——每年可減 84 公斤的二氧化碳；

9. 睡前把家中電器的總開關產關掉（以每月少 6 度計算）

　　——每年可減 45 公斤的二氧化碳；

10. 用毛巾擦乾頭髮取代吹風機（以每年少吹 30 小時計算）

　　——每年可減 13 公斤的二氧化碳。

## 第 5 章

# 企業社會責任

　　經過社會各界及我們的努力，此刻的台灣企業，對企業的社會責任不僅不陌生，而且已經有不少企業在認真地推動。他們在登上「利潤」這座大山之際，正攀登另一座「責任」大山。

高希均　《遠見雜誌》創辦人
《遠見雜誌》，2008 年 4 月 1 日，第 124 頁

# 自古無場外舉人

企業社會責任（**Corporate Social Responsibility, CSR**）看似舶來名詞，但是「急公好義」、「樂善好施」等名詞，早就是相似觀念。

---

**小檔案**

### 企業社會責任（Corporate Social Responsibility,CSR）

企業社會責任指的是企業在從事商業活動時，必須符合讓社會與自然環境達到永續發展的考量。因此，企業在創造利潤的同時，還得做好「企業公民」的角色，為民眾創造社會價值。而其中包含了維護勞工權益（不雇用童工、不超時工作、不讓員工在惡劣的環境下工作）、產品生產流程符合環保規範、愛護地球資源；熱心參與慈善公益活動；並且依法納稅等社會責任。

---

台達、鄭崇華都沒有赫赫名聲，可是根據《遠見雜誌》、《天下雜誌》所採取國際著名機構的衡量方式，不同的評審，君子所見略同的觀點，台達都是名列前茅，可用「專家的眼光是雪亮的」來形容。

本章先從宏觀的角度來說明《遠見雜誌》、《天下雜誌》對台達的評分，再針對企業社會責任四項（詳見表 5-7）中的二項，以特寫鏡頭方式處理，第 4 章介紹台達在環境保護的措施，第 6 章說明台達在「社會參與」（主要是公益）方面的作為，至於台達在「企業承諾」三項之一「研發投入」的重點，限於篇幅，無

法詳述，一言以蔽之，台達每年投入營收 3%（台灣水準 1.9%）進行研發，而且廣泛跟中央大學等合作，可說「根留台灣」！

# 壹、企業社會責任

　　想了解台達在企業社會責任的表現，必須用公認的標準來看，本章之參、肆的《遠見雜誌》、《天下雜誌》的評比項目，大抵是跟著歐美的潮流而走，本節先說明這部分。

## 公司應善盡社會責任

　　在大一管理學第 1 章或第 2 章中，討論公司目標，「股東財富極大化」並不是唯一目標，即使是「繳稅」、「聘用員工」，也不能說盡了社會責任。這不需要引經據典地去說「公說公有理，婆說婆有理」，結果都可能還是「各執一辭」。

　　簡單的以一個人住在社區、大廈來比喻，光繳管理費，並不會讓你獲得「遠親不如近鄰」的效果，平常就必須敦親睦鄰，才會得道多助，甚至交到朋友。

　　同樣地，公司是「法人」，在法律上有獨立人格，有房、有產、也有人，如果「唯利是圖」，那麼肯定不會大受歡迎。底下，依時間順序說明幾個重要組織在企業社會責任的落實作法。

# 1999 年，聯合國成立「全球盟約」

1999 年，聯合國秘書長安南曾試圖為落實企業社會責任，建立一套國際共通標準，而成立了「全球盟約」（Global Compact），目前已有 70 多個國家約 3,000 多家企業簽署了盟約。

# 2001 年，召開世界經濟論壇

2001 年時，有鑑於企業對各國社會有不可忽視的影響，世界經濟論壇（WEF）開始推動全球企業公民計畫，提高企業對於社會責任的認知。

## 落實世界永續發展工商會議的精神

世界永續發展工商會議（WBCSD）對企業社會責任的定義是：「企業社會責任是企業承諾遵守道德規範；為經濟發展做出貢獻，並且改善員工及其家庭、當地整體社區、社會的生活品質。」依此定義，企業社會責任的主要議題如下。

「包括利害關係人有投資人（透明化與揭露）、員工（主要指人權）、供貨公司關係、社區居民（主要指環保）、社區參與等。」

該組織提出「三個底線」（triple bottom line business，有譯作三重基線）觀念，強調企業應同時重視經濟、社會與生態環境 3 個面向，如表 5-1 所示。日本《日經周刊》用「慈悲的資本主義」

形容越來越受重視的企業社會責任，指的是企業不能只為股東的利益著想，也要為員工、社區、國家、全球的利益著想。

《金字塔底層大商機》（*The Foutune at the Bottom of the Pyramid*）的作者、美國密西根大學企管教授普哈拉（C. K. Prahalad）指出，已開發國家的全球企業向來汲汲營營在全球 66 億人口中消費金字塔頂層的 10 億人口競爭，對於底層 56 億人口的市場，則認為等到企業賺了錢，行有餘力時再去做善事。

---

小檔案

## 世界永續發展工商會議（WBCSD）

1990 年代初期，瑞士億萬富翁史密丹尼（Stephan Schmidheiny）成立了永續發展工商會議（Business Council for Sustainable Development），世界 48 家大公司的總裁都是其成員。1995 年，這個組織跟國際商會（International Chamber of Commerce）的環保部門合併，更名為世界永續發展工商會議（World Business Council for Sustainable Development, WBCSD）。

21 世紀開始時，這個組織由 150 家以上全球公司組成，影響力龐大，主張共同推展永續生存原則。結合了 30 個國家和地區性工商總會與夥伴組織，涵蓋大約全球 700 位企業董事長。

這個組織的使命是「促進企業董事長催生變革，追求永續發展，提倡生態效率、創新與負責的企業精神。」這個組織宣揚企業可以用來達成這些目標的作法，研訂永續開發政策，也制定衡量和評估企業的方法。[1]

---

表 5-1　公司的三條底線

| 底線 | 內容 | 審計 |
|------|------|------|
| 一、社會底線<br>（social bottom line） | 1.人文資本<br>人文資本包括教育、醫療衛生等投資，在永續發展是關鍵的。企業可發揮專業，在保障人權、保護勞工、社區發展、教育等方面做努力<br>2.社會資本<br>社會資本重視社會成員之間的互信及互惠合作的關係 | 社會審計 |
| 二、財務底線<br>（financial bottom line） | 財務底線是指公司經營的經濟效益，由公司財務年報展示出來，包括保障股東權益、依法納稅、提供公平就業機會（準時付薪水）、甚至公司透明度等 | 財務審計 |
| 三、環境底線<br>（enviornmental bottom line） | 環境底線關注自然資產（有譯作自然資本），相關的指標包括企業是否遵守環保法令，如何使用能源、處理廢棄物、循環再造等 | 環境審計 |

但普哈拉認為，企業擁有人才、資源和經營管理的經驗，要是能多動點腦筋，應該能提升底層人民的生活品質，同時也能賺到錢，這是他經過長期研究所發現的重要結論。

# 貳、台達在企業社會責任的發展階段

「樂知好行」的境界比「困知勉行」還要高。同樣地，公司對企業社會責任的落實，大抵可分為五個階段，英國倫敦責任協會執行長賽門‧查達克（Simon Zadek）在 2004 年 12 月《哈佛企

管評論》上的一篇文章「企業責任之路」，把公司對企業社會責任的實踐，依「困知勉行」到「樂知好行」分成表 5-2 中的五個階段。

表 5-2　公司對企業社會責任的發展階段

| 階段得分 | 比喻 | Zadek（2004）的五階段<br>（由 1 至 5 陸續演進）* | 台達的作為 |
|---|---|---|---|
| 100 分 | | | |
| 90 | 樂知好行階段 | 五、公民化階段<br>1.原因：克服任何「先改先輸」的不利因素，透過集體行動來實現其利益，促進長期的經濟價值<br>2.作為：推動整體產業承擔企業責任 | 1990 年，成立台達文教基金會 |
| 80 | | 四、策略階段：增加收入、提高股價<br>1.原因：增進企業長期的價值，因應社會議題進行策略調整和流程創新，增加競爭優勢<br>2.作為：把社會議題整合到企業的核心策略當中 | 2005 年，成立企業社會責任管理委員會 |
| 70 | | 三、管理階段：降低成本<br>1.原因：就中期來說，企圖消弭經濟價值（即盈餘）上的減損，並希望把承擔社會責任的作法整合到日常營運之中，達到更長期的利益<br>2.作為：把社會性議題融入企業的核心管理流程 | |
| 60 | 困知勉行階段 | 二、法令遵循階段<br>1.原因：就中期來說，企圖消弭因持續的聲譽受損或訴訟風險所造成的經濟價值減損<br>2.作為：採取以遵循的方式來因應，以保護公司的聲譽，視為公司經營的必要成本 | 2004 年，台達的客戶幾乎全面要求台達符合企業社會責任標準 |

表 5-2　公司對企業社會責任的發展階段（續）

| 階段<br>得分 | 比喻 | Zadek（2004）的五階段<br>（由 1 至 5 陸續演進）* | 台達的作為 |
|---|---|---|---|
| O | | 一、防禦性階段<br>1.原因：企業面臨社會人士、媒體或是企業的利害關係人，企業的回應通常由公關或法務單位否認事實、結果或責任<br>2.作為：為了對抗外界對其生產的攻擊（可能因此在短期內影響其銷售量、人員招募、生產力或是品牌） | |

*資料來源：整理自賽門・查達克（2004），第 145 頁

　　台達在企業社會責任方面至少可拿 80 分，由表 5-2 可見，2004 年已通過遵循階段、2005 年快速到達策略階段，至於公民化階段，主要是鄭崇華暨台達基金會的作為，這不屬於台達，公私要分明，並不表示台達沒有企業公民作為，只是「為善不欲人知」，以致優良事蹟有限。

　　底下，詳細說明這五階段的內容與台達的作為，詳見表 5-2。

## 防禦性階段：媒體、環保團體的監督

　　在勞工權益和環保意識高漲的今天，商機大、利潤高的運動鞋公司向來為人詬病，因為他們的高利潤都是以剝削亞洲廉價勞工換來的，尤其是耐吉（Nike）這類大量外包工作的全球企業，無不備感壓力。

　　多年來，人權團體一直要求這些企業公佈海外代工公司相關資料，以便評估當地的勞動條件。過去業者配合的意願並不高，

他們辯稱代工公司資料是商業機密。

　　全球龍頭運動服飾企業耐吉，一向跟**「血汗工廠」**（sweat shop）、「剝削勞工」的惡名如影隨形。2005 年 4 月 13 日，耐吉力圖擺脫「剝削」形象，出版《2004 年度的企業社會責任報告》，詳細報導它全球七百家外包工廠經營情況的改良。也坦承海外代工公司確實有騷擾員工、強迫員工加班等惡劣行為。

　　從昔日的迴避、否認、抗辯、消極，到今天的大力肯定企業社會責任，耐吉努力重建「良心」形象。[2]

## 遵循階段：各界監督

　　就跟有些學生考試只求及格一樣，大部分公司皆處於「我們做到該做的就好了」的法令遵循階段，即「不求滿分，但求及格」。由表 5-3 可見，各方勢力正群起要求公司要盡到起碼的企業社會責任。

### 環保團體、人權組織的壓力

　　像綠色和平組織的壓力團體，不單只監督企業，也監視供貨公司或是顧客，影響力很大。例如 2007 年綠色和平組織抨擊麥當勞的供貨公司砍伐亞馬遜雨林、種植大豆養雞給麥當勞做雞肉漢堡，結果是麥當勞、供貨公司跟綠色和平組織一同發展**亞馬遜雨林計畫**，這是個很好的案例。

表 5-3　企業善盡企業社會責任的策略階段

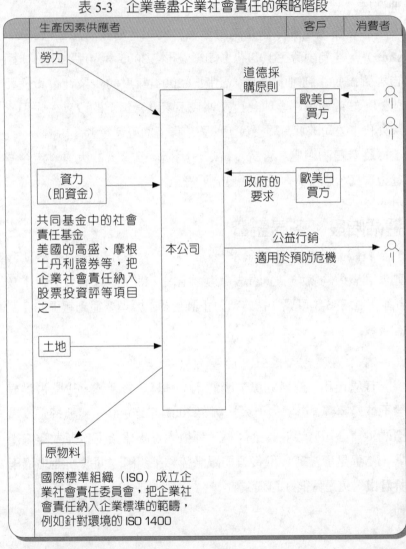

### 客戶對代工公司的要求

「上司管下司，鋤頭管畚箕。」同樣地，當政府要求「乾淨生產」（詳見第 4 章之陸）、消費者希望不要買到血汗工廠生產的產品，逼得產品公司嚴格監督供貨公司。簡單地說，整條「企業對企業」（B2B）供應鏈神經都上緊發條了。

例如 2005 年 11 月，蘋果公司要求供貨公司實施一套**優效電子行為準則（ECC）**和其他勞動標準的行為規範，規定禁止僱用童工、每週最多工作 60 小時（包括加班在內）、遵守最低薪發適用法，以及維護勞工衛生和安全。

### 台達也被客戶要求落實企業社會責任

2004 年，台達陸續收到國外客戶新力、惠普、IBM 等寄來的問卷，想瞭解台達在企業社會責任的落實情形。

為了填答，台達開始重視企業社會責任資訊的揭露，鄭崇華甚至帶隊到各事業部和廠區查察，把相關資訊寫成文字並量化，然後由各事業部出版自己的企業社會責任中、英文報告書，寄給相關客戶。因為國外買主要求到台達廠區實地查核，使得台達不得不進一步輔導自己的上游供貨公司，一起符合企業社會責任的標準。[3]

為了應付歐美客戶和投資機構，針對財務、環保和勞工政策所遞出的大量問卷，可說傷透了腦筋。問卷動輒一、二十頁，得動員好幾個部門主管才能填答，結果又將成為金融界重要投資參考，絲毫馬虎不得。

### 社會責任國際標準

社會責任國際標準（Social Accountability 8000 International Standard, SA 8000）是歐美廣泛認同的企業社會責任認證標準。台達還沒對外揭露是否符合此標準。

## 管理階段

經濟學人智庫（EIU）在 2008 年的企業社會責任報告中，就針對了全美 566 家企業、1600 位高階管理者進行調查，結果發現有 75% 的受訪者認為：經過妥善規劃的企業社會責任政策，不但能有效提高企業競爭優勢，還可望改善營收狀況。

公司體認企業社會責任是一個長期的問題，不是單用「遵循」或運用公關策略就可以打發的。公司必須正視這個問題及其解決之道，並把這些當作是管理者的核心責任。

## 策略階段

第四階段，便是把企業社會責任提升到「策略」層級，策略這個字不抽象，指的是對公司營收、盈餘有「重大」（例如 20% 以上）影響，由於茲事體大，因此列為公司董事會關心的議題。如果成立相關部門，也是要到董事會報告。

2005 年，台達職有專司地成立「企業社會責任會管理委員會」，明顯地可看出已進入策略階段。跟美國通用電器集團同時，並沒有慢半拍。

### 波特的先見之明

從 1990 年中期開始風行「綠色競爭力」之後，哈佛大學商學院教授、策略大師麥克・波特（Michael Porter）便把「競爭」的焦點轉移到了「共生」和「合作」。

2002 年，當大企業弊案連連，爆發出公司董事長為了短期私利，不擇手段自肥時，波特和他的夥伴馬克・克瑞默（Mark R. Kramer）在《哈佛管理評論》發表「企業公益的競爭優勢」一文，把 1980 年代分析核心能力的架構，用以幫助企業制定「公益策略」。波特把社會公益也納入增進公司核心能力的一環，而不是「行有餘力，則以學文」的邊陲活動。企圖在社會利益跟經濟利益間，尋找雙贏共好的「有效區間」，詳見圖 5-1。

「**策略性公益**」（Stretegic CSR）應該能加強企業競爭優勢，同時又能增進社會福祉。公司應該鎖定方向，把對公益的投入，去改善公司的經營環境，使用企業獨特的專長和資產，讓社會和產業同時受益。[4]

### 美國 PwC 的調查

2007 年 3 月，美國的 PwC（在台灣的策略夥伴稱為資誠）會計師事務所發表全球執行長調查報告指出，企業過去重視的是公司利益；現在重視利害關係人利益；未來將重視的是**社會利益**（**societal profit**），顯示有越來越多的公司把企業社會責任納入企業的營運策略。

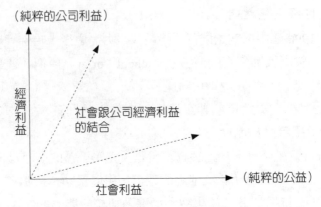

圖 5-1　自利與他利的整合

資料來源：《天下雜誌》，2004 年 3 月 1 日，第 147 頁。

## 2008 年，美國 IBM 的調查

2008 年初，美國 IBM 針對四十多國、上千位企業執行長（共 200 位）及政府官員所進行的研究發現，詳見表 5-4。

表 5-4　2008 年 IBM 企業社會責任調查結果

| 利害關係人 | 生產因素供應者 | 零件模組供貨公司 | 本公司* | 客戶 | 消費者 |
|---|---|---|---|---|---|
| 效益 | 1.投資人與銀行 | 半數企業被迫採用合乎道德的員工，及由其專業夥伴所訂定的採購標準 | | | |

表 5-4　2008 年 IBM 企業社會責任調查結果（續）

| 利害關係人 | 生產因素供應者 | 零件模組供貨公司 | 本公司* | 客戶 | 消費者 |
|---|---|---|---|---|---|
| | 2006 年，一半以上的股東計畫跟永續性相關。 | | 68% 公司專注於企業社會責任活動，以創造營收；54% 公司認為其所屬企業的企業社會責任活動，提供了能超越對手的優勢，更易於取得進入新市場許可權及永續成長。 | | 公司提供合乎道德的產品案，25% 消費者會轉換品牌。 |
| | 2.員工　公司執行企業社會責任的活動，有助於吸引及留住人才 | | | | |
| | | | 以美國通用電器實施的生態想像（Ecomagination）環保解決方案為例，在 2005 年提出時，曾遭一些高階管理者反對，如今不但大幅降低溫室氣體排放量，更成為增加營收的重要來源。 | | |

*資料來源：整理自《經理人月刊》，2008 年 6 月，第 116～117 頁。

### 因應潮流而不是逆來順受

英國劍橋大學國際商業中心（Center for International Business）副主任赫茲（Noreena Hertz）以反省資本主義與全球化發展，而成為歐洲快速竄起的新生代經濟學者，被世界經濟論壇選為「未來領袖」。著有《當企業購併國家》（經濟新潮社，2003 年）、《當債務吞噬國家》。

2008 年 3 月，她接受《天下雜誌》記者專訪，表示企業社會責任不再只是次要議題，現在已經成為企業策略的核心。

世界環保的趨勢是否會影響立法而增加公司的成本？企業不瞭解這些因素，也就無法有效地掌握風險。消費者可以藉由買東西來做好事，業者則把一半的營收作為捐助解決非洲愛滋病問題，企業如果沒有這些思考、觀念，又將如何開創新世代、尋找未來商機？

企業在降低風險、研發上有太多的事情可以做，例如銀行開發微型貸款服務貧窮客群（詳見第 5 章之伍）、飲料公司讓產品更健康，甚至動物遺體可以從廢棄物變成燃料、投入能源產業。[5]

不論是歐美國家，或是快速發展的新興國家，「企業公民」已經從掛在嘴邊的道德觀念，變為企業執行力的新角力場。2008 年初，美國《華爾街日報》報導，大陸的國家環境保護總局因為環保問題，延遲國內幾家大公司股票上市的計畫。

赫茲表示，「企業想要掌控風險、開創新市場，就必須往更有公民責任的方向走。」所以越來越多歐美大公司請赫茲當顧

問，協助從社會責任角度找新商機。[6]

**英國石油公司的表現最好**

歐洲第二大的英國石油公司強調：「具有社會責任意識的企業才能長久經營，社會責任不是錦上添花，而是我們經營策略不可或缺的重要部分。」

在這樣的理念下，除了石油、天然氣的本業之外，英國石油在 2003 年開始生產太陽能電池。捐款活動方面，英國石油的作法也契合其目標。它不把錢拿去贊助高檔藝術活動，而是投注於環保、減少使用石油的活動，例如建立自行車道。

2001 年 8 月，美國《時代》雜誌一篇報導指出，企業正開始快速改變經營作法，逐漸找出跟社會團體共同合作的領域，例如荷蘭殼牌石油跟環保團體和保育人士積極尋求減少海洋污染的方式。

# 組織設計

2007 年 3 月，麥克‧波特接受《天下雜誌》記者專訪時，表示：企業擬定策略時，也應該把企業社會責任當作是主要策略之一，而不是分開的。但現在很少有企業做到這一點。至於企業改善價值鏈（主要指研發、生產、業務這三個核心活動）的活動，應該兼顧改善社會，如此效率才會更高。例如，瑞典富豪汽車（Volvo）不僅在汽車設計上強調安全，同時也跟許多組織合作，一起推動道路安全及駕駛安全概念，使兩個策略可以互相結合、

彼此互利。簡單的說，波特不贊同公司成立基金會（或社會服務部）悶著頭做，而是基金會應跟公司的運作結合在一起，基金會也應跟事業群、事業部一樣，彼此要協調。[7]

### 日本新力就是典範

「新力把企業社會責任視為企業的 DNA，是整個公司營運的一部分。而不是視為特殊的活動。」「我們並沒有想要跟其他公司比，我們做自己認為該做的事。」[8]新力資深副總裁原直史堅定地說。

### 台達的認知

「企業社會責任做得好的公司，不是只有花錢而已。例如在環保議題上，科技運用與製程的重新設計。就比金錢重要。」波特說。

「我個人覺得在設計任何東西都要考慮到環保的概念，不僅不會給企業增加成本，還反而是一種商機。」鄭崇華說。

台達看到了新的商機，同時商機也真實地呈現在業績上。2006 年，合併營收成長 30%，突破千億元，也因為環保和能源議題，股市給台達的正面回饋，就是股價比起 2005 年足足上漲了一倍。[9]

2005 年初，台達成立企業社會責任管理委員會（CSR Managemnent Board），由鄭崇華擔任主席和環保長（Chief Environmental Officer），成員包括五位高階主管，下面還設有環

境委員會、公司治理委員會和健康安全委員會等。台達彙整各事業部資料，共同發行一本企業社會責任報告書，寄給客戶、會計師和政府機關。

「雖然花了很多時間撰寫企業社會責任報告（CSR Report），但這已是我們的競爭優勢，也是爭取訂單的一大優勢。」台達企業開發部總經理蔡榮騰說。[10]

以維護員工的健康安全來說，台達辦公大樓，特別設計具有豐富色彩的樓梯，並巧妙地把電梯藏在大樓的小角落，提醒員工多走樓梯有益健康。

## 公民化階段

**企業公民**是指一家公司如何運用核心能力或企業活動，進行對社會的投資、慈善活動和公共政策的參與，最常見的就是慈善捐贈，協助社會需要幫助的人或團體。許多公司鼓勵員工參與社區活動，或是利用公司本身的專業協助社區的發展，公司透過這些活動強化跟社會各方面的關係，協助公司長遠的發展。

### 企業家的使命

公司董事長是推動企業公民最主要的動力，而這在歐美國家，可能是來自宗教的教義。

「資本主義精神以基督教倫理為基礎，企業家賺錢是動機，金錢是工具，目的是為上帝服務。這套價值觀，影響西方兩百年興盛。」台灣大學經濟系教授吳忠吉說。

因此，20 世紀初，當洛克斐勒經營標準石油公司有成，把事業交給管理者運作後，自己則投入慈善事業。福特汽車創辦人、《財富雜誌》評為二十世紀最成功企業家的亨利·福特，晚年獻身公益，興建圖書館、博物館、大學、音樂廳，成為美國企業發展的標竿。

日本的經營之神、松下公司創辦人松下幸之助，創辦 PHP 社（Peace, Happiness & Prosperity），提倡和平、快樂、豐裕的世界，晚年更設立松下政經塾，為日本培養有理想的下一代政治、社會人才，其畢業生在日本成為一股新興而清新的力量。[11]

### 波特強調重點在於「對社會的影響」

2007 年 3 月，波特對企業社會責任有以下嶄新的看法。

> 過去大家談論企業社會責任時，只講到企業的聲譽、形象等公共關係，這是非常危險的。真正的企業社會責任應該是企業對社會的影響，而不是企業的聲譽或形象。因為是對社會的影響，企業在選擇投資領域、為社會創造價值時，就要非常小心。
>
> 而這個價值，是企業本身可以跟社會一起分享的。這就是「價值分享」的概念，當企業創造價值時，這個價值不僅有益於社會，對企業本身也有幫助。這個概念，是企業社會責任的關鍵之一。[12]

### 孫震跟波特的看法一致

元智大學遠東經濟講座教授孫震指出，自古以來，中國商人做生意的原則就是「公平義取天下財」，公平是不傷害到別人的利益，義取是用正當的經營手段，而自己也能夠賺到錢。

公平是最基本的競爭方式，公司必須尊重顧客和社會環境，企業的生產活動更不應造成環境的破壞，如果有破壞，就應該設法彌補。

企業社會責任雖是一個新號召，卻是一個源自中國的古老實踐，春秋時代范蠡等企業家受到社會的尊重，不是因為賺了多少錢，而是因為他們的善行。

今日的台灣，由於政客的濫權，使得社會失去了道德標準，但是也已經有企業家開始善盡企業社會責任，以身作則，成為社會的典範。

「企業家除了創造社會的財富和就業之外，更以他們的影響力，做台灣社會的道德典範。」[13]

### 讓員工喜歡做企業社會責任

台達創業之初，就把企業社會責任視為企業經營使命必達的一部分，且從上到下每個人都徹底落實這項概念。

鄭崇華扮演公司的精神指標，也是台達企業社會責任精神得以貫穿全企業的靈魂人物。

副總裁暨企業開發部總經理蔡榮騰說，鄭崇華常對外自封環境長，念茲在茲的就是，「期許台達在追求成長權利外，不能忘

自己是社會公民，一定要成為一家保護社會環境的乾淨企業。」

「企業要有賺錢的雄心壯志，也要有致力於企業社會責任的豪氣。」蔡榮騰說。所以，台達藉由改善企業內部製程、工作環境，以及研發節能商品，落實環保概念。

為了把企業社會責任的概念，徹底滲透組織的每個細胞，台達也鼓勵員工實踐「健康」的概念。「企業落實企業社會責任的路很長，要把企業社會責任概念深植每位員工心中，讓他們身體力行，這條路才會走得長久。」蔡榮騰認為。

「從健康角度鼓勵員工，他們就會發自內心歡喜做企業社會責任的活動。」蔡榮騰說，一旦帶動企業內的健康風氣，會形成擴散的力量。帶動每一家及公司的人，不論國籍，都響應企業社會責任的概念。[14]

### 看看玉山銀行作了什麼

玉山銀行在企業社會責任方面的遠景是「玉山人成為世界一等的公民、玉山銀行成為世界一等的企業公民」。

玉山銀行策略長黃男州解釋，貧富差距越來越大，玉山銀行要成為世界一等的企業公民，就不只要為股東賺錢，更應該主動關心自己的土地與社會。2002 年，玉山金控成立的同時，玉山也成立了基金會，捐血、淨山，還發起志工團，每月固定撥一筆錢認養偏遠地區學童午餐。2005 年，認養兩千人，帶他們看職棒、吃麥當勞；2006 年，增加到三千人。[15]

# 參、《遠見雜誌》對台達的肯定

遠見雜誌社是最早成立企業社會責任頒獎的機構，因此先介紹台達在 2005～2007 年連續三年獲得科技 B 組首獎的依據。

## 《遠見雜誌》設立的宗旨

《遠見雜誌》一如其名，主要是希望培養國人的遠見，從創辦以來，就一直致力於增進台灣社會的進步觀念。其在企業社會責任的觀念進程，大抵如下所述。

### 2003 年的目標

從 2003 年開始，《遠見雜誌》創辦人高希均教授即有感於台灣社會的亂象，因此大力倡議「台灣不缺人才，只缺人品」，希望喚起社會對企業社會責任和品德教育的重視。

### 2005 年的目標

台灣企業的卓越成就，一向是有目共睹的，從企業的經營獲利、產品品質到不斷創新，都有相當多的榮耀與肯定。然而，獨獨缺了「企業社會責任獎」。

2005 年，高希均在第一屆企業社會責任得獎手冊中寫著。

> 台灣「經濟奇蹟」的最大功臣是企業家，沒有他們的創業、打拚、冒險、創新，就沒有今天小康的台灣。可是，另一方面，我們也觀察到：當前所缺的是人才，

更缺的是人品。反映在企業經營上，就是少「企業倫理」，少「企業社會責任」。

高希均在致詞中強調，企業要邁向全球化，就必須跟國際接軌，「台灣企業要跟先進國家的企業典範並駕齊驅，最重要的就是企業社會責任。」

為了推展企業成長與社會進步的雙贏互動，《遠見雜誌》以宏觀的指標，設立「企業社會責任獎」（Corporate Social Responsibility Award），希望能為台灣企業樹立永續典範。[16]

### 2008 年的目標

2008 年，《遠見雜誌》鼓吹「企業社會責任」，就是希望台灣的企業做到下列三點。

1. 能跟「世界標準」接軌，超越當地環境中的自我滿足。
2. 能跟「楷模經營」接軌，超越正派經營的自我要求。
3. 能跟「永續發展」接軌，超越財富增加的自我侷限。

打破這種「自我滿足」、「自我要求」、「自我侷限」，就是要開創台灣企業宏觀天下、胸懷遠見的大格局，就是要變成世界級的企業。[17]

## 台達連續三年得獎

「二個就可以做表，三個就可以分類」，這是我做學問的基

本功，以 2005～2007 年，台達連續三年榮獲首獎來說，先看表 5-5，接著再分述如下。

表 5-5　台達在《遠見雜誌》的企業社會責任獎的表現

| 企業活動 | 企業社會責任構面 | 2005 年 | 2006 年 | 2007 年 |
|---|---|---|---|---|
| 一、公司層級 | 企業社會政策與管理系統 | | 鄭崇華開油電混合動力車 | |
| 二、核心活動部門 | 社會參與 | 捐贈 2 億元給中央大學，成立光電大樓 | 詳見第 5 章 | 同左 |
| ㈠研發 | | 每年研發費用占營收 6% | 同左 | 同左 |
| ㈡生產 | 環境政策 | 獲得經濟部能源局評為節能績優公司獲得日商新力公司的最佳品質及企業社會責任供貨公司獎 | 11 月，台南南科新廠啓用，獲得綠建築認證 | |
| ㈢業務 | 消費者權益（包括公平競爭） | | | |
| 三、支援活動部門 | | | | |
| ㈠人資 | 勞資關係與員工福利 | 員工訓練費用占（營收）比，在上市公司中可能居前十名 | | |
| ㈡財務 | 財務管理與透明度 | 詳見第 2 章之肆 | 同左 | 同左 |
| ㈢資管 | | | | |

　　表 5-5 中第二欄「企業社會責任構面」是評比項目，每年項目都略有差異，令人目不暇給。亂中有序，由第一欄可見，這七項評比構面大抵可以跟企業活動一一對應，因有系統的架構來整理，便很容易執簡馭繁了。其中有二項評比項目「企業社會政策與管理系統」和「社會參與」屬於公司層級不是功能部門層級的企業活動所能涵蓋的。

　　台達持續努力落實在企業社會責任方面，有持續性措施，也有單年作為，以 2005 年「社會參與」一項為例，鄭崇華透過台達文教基金會捐款 2 億元給中央大學（詳見第 6 章之參）就是一次性活動。

# 2005 年的評選過程

　　2005 年，《遠見雜誌》首次舉辦企業社會責任評審，**「衡量之所在，管理之所在」**，由它公平專業的評審過程和評比項目，企業也可以依此作自評，這正是我多花一些篇幅來介紹評審程序的原因。

### 第一道篩選

　　調查對象為 2004 年的 600 家上市公司，扣除 2004 年上市公司，最近三年（截至 2004 年第三季財報）有虧損者不列入評比，經篩選後，352 家企業符合調查資格，調查時間為 2004 年 12 月 3 日～12 月 21 日，回收率約五成。

　　《遠見雜誌》初審小組參考德國企業社會責任研究機構

OEKOM 的評分準則，把企業填答結果（區分社會績效、環境績效和財務資訊揭露三部分）加以評分權重，2008 年的評分項目更廣，主要參考「**OECD 多國企業指導綱領**」及其他國際間通用準則，並考量台灣產業現況設計問卷，就上市公司是否重視股東權益、勞動人權、供貨公司管理、消費者權益、環境保護、社區參與、資訊揭露及利害關係人溝通等項目。按照分數高低排行，從 300 多家公司中篩選出前五十名。

再進一步經過四層查核關卡：1. 包括查核問卷內容、新聞負面報導；2. 跟外部機構查核（例如環保署、勞委會、消基會和公益團體等）；3. 淘汰近兩年曾有重大勞資爭議、環保公害處分案件、消費者重大糾紛及經營者因訴訟被限制出境；4. 剔除連續三年經營虧損等企業。

## 評分

通過這四層查核，初選出 25 家入圍企業名單。依產業別分為科技業組 A（2004 年營收 1000 億元以上）、科技業組 B（2004 年營收 1000 億元以下）、傳統產業組、服務業組、金融業組共五組。

決選時，由孫震（擔任評選主席）、白培英、李誠、郝龍斌、許士軍、賴英照、葉保強、蕭新煌（依姓氏筆畫序）共八位評選委員，分組投票選出得獎名單。由於他們的公正立場、專業判斷、社會聲望與嚴格標準，使「遠見雜誌企業社會責任獎」贏得了社會的公信。（調查經費來源：《遠見雜誌》。調查執行：

遠見民意調查中心發放及回收統計問卷繪表。）

### 七家得獎企業

· 科技業 A 組楷模獎：台積電公司

首獎：光寶科技

· 科技業 B 組楷模獎：智邦科技

首獎：台達

· 製造業首獎：中華汽車

· 服務業楷模獎：統一超商

首獎：台灣大哥大

### 針對勞工權益的疑慮

在歐美國家，公司是否成立工會，是企業重視勞動人權與否的重要指標之一，但《遠見雜誌》調查卻發現，受訪公司中有七成公司沒有設立工會。

尤其科學園區裡的電子公司，包括台積電、聯電，都沒有工會組織。「工作太忙，福利又好，員工根本無暇去搞工會。」一位勞委會官員解釋。

像台達在台灣沒有設工會，但泰達卻有工會。鄭崇華對此表示，公司並沒有反對設立工會，只是台灣地區員工沒有意願自組工會。他曾好奇問過一家外商企業為何也沒有工會？對方回答：「因為公司對員工很好，甚至高過工會的要求。」[18]

## 2006 年，13 家得獎企業共襄盛舉

2006 年 5 月 3 日下午，台北市遠東國際大飯店星光熠熠。

300 多位來賓，參加《遠見雜誌》舉辦的第二屆「企業社會責任獎」頒獎典禮，見證了台積電、台達、統一超商、玉山金控和中華汽車等 13 家得獎企業，如何兼顧企業獲利與社會責任的具體成果，並且聆聽台積電董事長張忠謀，分享台積電如何善盡企業社會責任的精采經驗。

拿下第二屆《遠見》「企業社會責任獎」的 13 家企業：台積電、友達光電、光寶科技、台達電子、研華科技、華立企業、玉山金控、中華汽車、裕隆日產、統一企業、統一超商、信義房屋與中華航空，都是各個產業的龍頭，本業獲利表現亮麗，更投入心力善盡企業社會責任。

在頒獎典禮時，鄭崇華致詞時表示：「雖然我們的力量有限，但還是要努力去做環保工作。」對此，鄭崇華毫不居功。[19]

「台灣的聰明人很多，但是很缺老實的人。」友達光電總經理陳炫彬（2008 年晉升為副董事長）指出，台灣需要老實的聰明人，拋棄自私的小我，推動社會向前邁進。而這 13 家得獎企業，正是帶動台灣社會風氣積極向上提升的原動力。

在 5 月號的《遠見雜誌》中，對台達的環保措施略作介紹，詳見第 4 章統一說明，在此處只針對其中的「勞資關係與員工福利」作說明。

台達對員工的訓練上從不吝嗇，在本次調查中，訓練費用占

比，高達 2.7%，在 300 多家企業當中排名第 4。

台達跟企管顧問公司合作，訓練內部講師，稱為種子部隊，以內部的運作經驗做為教材。海英俊認為，每個企業有不同的文化，向同仁宣揚公司理念才能發揮效果，「這種工作是不能外包的。」

縱使再忙，海英俊每天一定至少安排半個小時跟新進人員晤談，讓他們瞭解企業精神，「海先生的時間成本，都還不算在我們填表的（員工訓練）花費中。」企業發展部總經理蔡榮騰打趣地指出。[20]

### 2008、2009 年，獲選榮譽榜

由於台達和中華汽車已經連續三年獲得《遠見》企業社會責任首獎，為表彰兩家公司在這方面傑出表現，2008 年，評審團頒給兩家公司企業社會責任榮譽榜；2009 年，這二家公司再連莊。今後任何企業只要能連續三年獲得首獎，即可名列榮譽榜，並連續三年不參加評選。[21]

# 肆、《天下雜誌》對台達的肯定

台達在《天下雜誌》社舉辦的企業公民責任評比項目，一向名列前茅，可見外界持續肯定台達相關表現，本節將仔細說明。

1997 年起，《天下雜誌》倡導「企業公民」概念，在年度的標竿企業評比中，加入「企業公民」的評分項目。

# 2006 年，第一次企業公民調查

為了用更前瞻永續的眼光經營未來，發掘、鼓舞更多有心的企業公民，《天下雜誌》2006 年首度進行「企業公民調查」，選出有永續遠景與努力的企業公民。

### 調查對象

對 3300 家股票公開發行的公司進行調查。

### 評分項目

- 以「環境保護」、「社會參與」和「教育文化」三大類，做為企業公民的評選指標，這三大類指標都是台灣最重要的議題。
- 環保呼應了國際對綠色規範的頒布及限制。
- 教育文化則因應著台灣和企業最迫切的人才存續。
- 社會參與著眼於台灣社會貧富不均、財富縮水而需要更多企業挺身而出解決社會問題。

由表 5-6 可見，台達名列台灣企業最推崇十大企業公民之第九。原因是鄭崇華創業以來，就用國際環境規範自我要求，走在業界之先。是台灣第一家投資檢測有毒材料物質設備的企業，在歐盟禁用有害物質的指令頒布時，它早就做好準備（詳見第 4 章之陸）。[22]

表 5-6　台灣企業最推崇的 10 大企業公民

| 國內公司 | | | 國外公司 | | |
| --- | --- | --- | --- | --- | --- |
| 排名 | 公司名稱 | 票數 | 排名 | 公司名稱 | 票數 |
| 1 | 台灣積體電路 | 78 | 1 | 微軟 | 38 |
| 2 | 統一 | 33 | 2 | 花旗銀行 | 16 |
| 3 | 奇美 | 33 | 2 | IBM | 12 |
| 4 | 台塑 | 23 | 4 | 豐田汽車 | 9 |
| 5 | 宏碁 | 17 | 5 | 通用電器 | 8 |
| 6 | 中國信託商銀 | 17 | 6 | 惠普 | 7 |
| 7 | 鴻海 | 14 | 7 | 麥當勞 | 7 |
| 8 | 富邦金控 | 14 | 8 | ING | 7 |
| 9 | **台達電子** | 13 | 9 | 飛利浦 | 6 |
| 10 | 中華汽車 | 11 | 10 | 新力 | 5 |

# 2007 年，企業公民獎

全球化的浪潮下，世界的標準越趨一致，台灣踏上世界舞台的企業也越來越多，不論是國際客戶或是台灣消費者，對於台灣企業的要求都越來越高。有鑑於此，《天下雜誌》從 2007 年開始，把「企業公民」指標擴大、獨立成為「企業公民獎」，至於「天下企業公民 TOP 50」還是照選。

《天下》企業公民調查方式說明於下。

### 第一道篩選

第一階段初選，從 1929 家受金管會監管的公開發行公司（含

上市、上櫃、興櫃公司）中，篩選連續三年獲利的公司，共 1101家。

調查對象區分為營收 100 億以上的「大型企業」、100 億以下的「中堅企業」，及「外商企業」三組評選。

第二道篩選

第二階段複選，由 563 位證券分析師與會計師，以及企業相互評分，最後選出大型企業前 44 家，中堅企業 20 家，外商企業21 家，進入決選。

評分項目為表 5-7 的四項（另有細項），參考聯合國綱領、OECD、美國道瓊永續指數等國際指標與評量方法。

表 5-7　《天下雜誌》企業公民責任四類評比項目內容

| 項目 | 環境保護 | 企業承諾 | 公司治理 | 社會參與 |
|---|---|---|---|---|
| 議題當紅時間 | 1980 年代起 | 1990 年代起 | 2001 年起 | 2005 年起 |
| 主要針對的利害關係人 | 社會 | 員工、消費者 | 股東 | 社會 |
| 內容 | 1.環保 | 企業承諾的範圍較為廣泛，至少包括下列三項 | 主要精神在於顧及所有股東的利益，強調董事會的獨立性與公司的透明度 | 必須顧及所在社區（區域）的發展，像是環境保護、促進該區經濟發展，並以企業本身之所長造福社會。重點，在投入社會上是否長期且持續發揮影響力 |

表 5-7 《天下雜誌》企業公民責任四類評比項目內容（續）

| 項目 | 環境保護 | 企業承諾 | 公司治理 | 社會參與 |
|---|---|---|---|---|
| | 2.節能 | 1.顧及員工長期發展、維持良好勞資關係、提高女性或少數族群在管理階層或董事會的比例 | 需有良好的公司治理架構，提升企業透明度，做好資訊揭露，維護每個股東的權益 | 此外，像是打擊賄賂、繳稅、維護公平競爭環境等，都是一個良好的企業公民必須負起的社會責任 |
| | 不對環境造成損害 | 2.對研發的投入 | | |
| | | 2.顧客：做到對顧客的承諾、維護消費者權益 | | |

## 第三道篩選

第三階段為評審團八人決選，評審團依據企業資料評分，綜合各階段分數，經過加權得到總分。

評審長為蕭萬長，其他評審為史欽泰、朱寶奎、施顏祥、徐木蘭、葉銀華、黃秉德、黃正忠。

調查時間：2006 年 11 月 8 日至 2007 年 1 月 29 日。

調查小組成員：黃靖萱、許癸瑩、李昆昇。

表 5-8 中，有關企業公民責任可分為四個部分（或項目），不過，我依照必要性予以重新分類，而且跟這些項目當紅的時間順序也恰巧相同，可跟表 5-7 相互對照這四個項目的內容。

表 5-8　企業公民責任大型企業排行榜

| 排名 | 公司 | 項目 | 環境保護 | 企業承諾 | 公司治理 | 社會參與 | 同業互評 |
|---|---|---|---|---|---|---|---|
| 1 | 台灣積體電路 | 8.79 | 9.0 | 8.5 | 9.0 | 8.7 | 8.8 |
| 2 | **台達電子** | 8.11 | 9.0 | 8.0 | 6.3 | 9.0 | 8.3 |
| 3 | 中華電信 | 8.01 | 8.0 | 8.0 | 9.0 | 8.3 | 6.7 |
| 4 | 台灣大哥大 | 7.87 | 7.0 | 8.5 | 9.0 | 8.1 | 6.7 |
| 5 | 中華汽車 | 7.82 | 9.0 | 8.0 | 5.5 | 9.0 | 7.6 |
| 6 | 統一超商 | 7.65 | 9.0 | 7.0 | 6.0 | 8.3 | 7.9 |
| 7 | 中國鋼鐵 | 7.43 | 8.0 | 8.0 | 5.0 | 7.3 | 8.8 |
| 8 | 統一企業 | 7.33 | 9.0 | 6.8 | 5.5 | 7.5 | 7.9 |
| 9 | 聯發科技 | 7.32 | 7.0 | 8.8 | 6.5 | 8.3 | 6.0 |
| 10 | 友達光電 | 7.13 | 8.0 | 6.8 | 6.3 | 7.7 | 7.0 |

註：第一列上的項目，本書已加以調整其順序。
資料來源：《天下雜誌》，2007 年 3 月 14 日，第 121 頁表 1。

# 2009 年，台達連莊

　　2009 年，《天下雜誌》的企業公民獎，台達第三次連莊榮獲第二名，詳見表 5-9，於 3 月 31 日領獎。

表 5-9　天下企業公民排行榜

| 2009排名* | 2008排名 | 2007排名 | 企業 | 總分 | 環境保護 | 企業承諾 | 公司治理 | 社會參與 |
|---|---|---|---|---|---|---|---|---|
| 1 | 1 | 1 | 台灣積體電路 | 9.10 | 9.1 | 9.2 | 9.2 | 9.0 |
| 2 | 2 | 2 | **台達電子** | 8.75 | 9.5 | 8.6 | 7.7 | 9.2 |
| 3 | 3 | 3 | 中華電信 | 8.62 | 9.0 | 8.2 | 8.6 | 8.7 |
| 4 | 4 | 16 | 光寶科技 | 8.27 | 8.7 | 8.4 | 7.8 | 8.2 |

表 5-9 天下企業公民排行榜（續）

| 2009 排名* | 2008 排名 | 2007 排名 | 企業 | 總分 | 環境 保護 | 企業 承諾 | 公司 治理 | 社會 參與 |
|---|---|---|---|---|---|---|---|---|
| 9 | 5 | 10 | 友達光電 | 8.20 | 8.9 | 8.3 | 8.1 | 7.6 |
| 10 | 6 | 6 | 統一超商 | 8.17 | 8.9 | 8.3 | 6.9 | 8.6 |
| 6 | 7 | 4 | 台灣大哥大 | 8.03 | 6.9 | 7.9 | 9.2 | 8.2 |
| 5 | 8 | 14 | 玉山金融控股 | 7.99 | 8.1 | 7.5 | 8.4 | 8.0 |
| — | 9 | 8 | 統一企業 | 7.98 | 8.9 | 7.3 | 6.8 | 8.9 |
| — | 10 | — | 廣達電腦 | 7.95 | 7.0 | 8.9 | 7.9 | 8.0 |
| 7 | 10 | 9 | 聯發科技 | 7.95 | 7.7 | 8.7 | 7.5 | 7.9 |

資料來源：《天下雜誌》，2008 年 3 月 26 日，第 42 頁。
＊來自 2009 年 3 月 11 日，第 42 頁。

### 台達在環境保護項目得分最高

環境，是現在全球首要議題，也是企業公民最大的壓力來源。國際顧問公司麥肯錫公司公布的全球執行長調查顯示，包含氣候變遷的環境議題，已經成為世界各地執行長最關注的議題，在未來五年中，也將是最受公眾和政治關注的議題、對利害關係人影響最大的議題。

這一部分是「**高爾效應**」，美國前副總統高爾以「不願面對的真相」紀錄片為氣候變遷的嚴重影響敲響警鐘、得到諾貝爾和平獎，也把環境問題拉升到最高層級。2008 年 1 月在瑞士日內瓦的世界經濟論壇上，討論環境議題的論壇高達二十場，日本首相福田康夫在論壇中疾呼；「因應氣候變遷，一秒鐘都不能浪費了。」

不斷飆高的能源價格，更讓環境議題成為企業實際且迫切的危機。根據資誠全球聯盟（PwC Global Network）的高階管理者調查顯示，六成的高階管理者認為影響企業環境決策的首要因素是能源價格，影響力甚至排在前幾年讓企業神經緊繃的國際法規之上。更有 71% 的受訪者認為，因應能源議題是指導企業研發的首要順位。

「能源的壓力，像漣漪一樣。」《經濟學人》雜誌智庫 FIU 在 2008 年的企業社會責任報告指出。能源的壓力波及各產業的思考、衝擊價值鏈上的各個環節。這也促使企業跑得更快。

台灣環保模範生的台達和永光化學，在環保上仍然得到最高的評價，詳見表 3-9。（《天下雜誌》，2008 年 3 月 26 日，第 42～44 頁）

2008 年 4 月 12 日，由《天下雜誌》主辦的「2008 天下企業公民論壇」時，以「企業公民 v.s. 企業競爭力」為題，邀請童至祥（台灣 IBM 總經理，2009 年退休，至特力擔任總經理）、海英俊和卓永財（上銀科技董事長），暢談各自的見解與企業相關作法。

海英俊指出，受到地球暖化、氣候變遷的衝擊，企業社會責任已成為全球趨勢。影響所及，包括產業鏈產生重要變化，像電子業的產品回收、綠色設計及電子業共同規範（EICC）等，未來所有產業也都無法迴避。[23]

台達推動環保是持續性、不間斷的活動，除了自身的努力

（例如在原材料回收上）之外，也會進一步帶動上下游夥伴共同合作。[24]

# 社會公益

當董事長，賺自己的錢，沒什麼了不起，每個人都會做同
樣的事；但他們（孫運璿、李國鼎）把他們的生命、能力，
貢獻給國家，假如沒有他們的努力及智慧營造好的環境和機
會，根本不會有今天台灣許多企業的誕生。如果沒有讓下一
代知道、做為典範，是我們對不起他們。

鄭崇華

《天下雜誌》，2004 年 3 月 1 日，第 155 頁。

## 為善最樂

「取之社會，用之於社會」，這是許多公司在 1980 年代開始回饋社會的原因，鄭崇華來台時是流亡學生，遠離父母，之後，事業成功，自然比其他企業家更有「感恩的心」。因此，他捐款做社會公益，不遺餘力。

> 所有的功績如果沒有崇高的理想，也就不足以道矣？
>
> 亞瑟　美國電影「亞瑟王」

套用亞瑟王的說法，來看台達集團的善行義舉，背後都有創辦人鄭崇華的善心。

1990 年，鄭崇華出錢成立基金會，大環境中，對公益活動的作法也有三波的變化。因此，本章依此來斷代，把台達電子文教基金會的經營分成三階段來說明。

# 壹、公益第一階段：1990～2002 年，賣股票做慈善

1990 年，台達股票上市，股票容易賣個好價錢，而且股市也可以吸納較多的股票，因此，鄭崇華出售一些股票，成立台達電子文教基金會（鄭崇華占資金九成），1990～2002 年，是此基金會的第一階段，即「做慈善」。

## 不要「為富不仁」

1889 年，美國鋼鐵大亨安德魯‧卡內基寫下的《財富論》，多年來，被許多美國富豪奉為圭臬。他相信，社會要進步，必須創造財富，但無可避免地要付出貧富不均的代價。為了防止貧富差距破壞了「貧富間的和諧關係」，他主張富人有責任奉獻財富做公益。不這麼做，是個人最大的失敗，「為富不仁將蒙羞而終。」

彼得‧杜拉克在《非營利機構的經營之道》（遠流出版，1996 年）一書中提及非營利組織的經營，不是靠「利潤動機」的驅動，而是靠「使命」凝聚力和引導；經由能反映社會需要的「使命」，以獲得各方面擁護群的支持。

鄭崇華認為一個人要對社會有貢獻，讓別人肯定，他的人生才有價值。因為這樣的信念，使他成為台灣少數有強烈社會責任使命感的企業家。[1]

## 有受日本影響嗎？

1990 年，日本最大經濟組織經團連成立了「1% 俱樂部」。加入的會員企業，每年必須把盈餘的 1% 捐助於對社會有貢獻的活動，並提出報告，清楚列出哪些款項捐給哪些非營利組織或用於哪些活動，並公布在經團連網站上。包括日立、三洋、花王、日產、新力、三菱、味之素、田邊製藥等日本大型企業，都自願加入。

# 1990年，成立台達電子文都基金會

鄭崇華相當憂心人類過度浪費地球資源，1990年成立台達電子文教基金會，投入社會公益活動，初期都以捐贈獎學金為主。

雖然掛名台達，但基金會的種子資金和運作經費完全是鄭崇華和基金會董事們個人的捐贈。「我覺得這件事情很有價值，用台達的董事會來同意，比較複雜……，我也不要用公司的錢，不要慷他人之慨。」鄭崇華解釋。[2]

# 1999年，救助921災民

熱心的鄭崇華對於災難救助不落人後，1999年在921地震期間，因為全台停電，台達也停工，鄭崇華跟幾位主管待在內湖總部收聽電台的災情廣播。他想到中部地震災區居民晚上沒有電，房屋倒塌，擔心餘震和下雨，便立刻要求採購人員購買發電機和毛毯等救援物資，「大概大台北地區所有的發電機都被台達買光了。」然後，在短短的兩小時內，把上述物資送到慈濟功德會，快速送到災民手上。

# 2001年，捐款給大學成立講座

2001年，鄭崇華開始把公益活動層面轉向大學，在清華、成功大學分別成立孫運璿、李國鼎講座；詳見本章之貳、參，本節說明其心路歷程。

台灣能夠有今天的經濟成績，很重要的一點就在於過去對教

育的注重。2001 年，鄭崇華碰到很多大學校長抱怨教育預算突然被縮減了，這點他認為是相當不應該。

以前留學的都是最好、最優秀的學生；現在，留學生越來越少，出去也不一定會好好唸書，沒有人才接替，即使在經濟恢復的時候，這一點也會成為我們的隱憂。[3]

### 2007 年，聚焦教育，有人才有好未來

2007 至 2008 年期間，台灣到底要不要蘇花高速公路？引起社會各界諸多討論。2002 年 5 月 20 日，鄭崇華說：「興建蘇花高，這問題可從環保和區域發展等角度深度討論，但他只單純從整個國家資源配置考量。在李國鼎和孫運璿的 1980 年代，政策都很務實，不像現在，財政赤字實在太高了，有太多不該浪費的預算亂花。就蘇花高來說，其實還有太多的事情要比這件事更急迫、優先多了。」

他進一步說，台灣有一件很糟糕的事，就是缺乏教育經費。

有許多大學不論是師資、實驗室、設備等通通缺錢，這種環境培養的學生素質也會越來越差，這樣未來怎麼跟外國人競爭？台達能夠創業，是政府吸引外資，提高就業機會，配合外商的需求，這些搭配起來造就台灣經濟起飛；這是正確的政策所造成一個結果。

鄭崇華語重心長地說，當設立一個公司，要研發人員、要工程師，所需人才幾乎從大學而來，過去幾十年來政府培養很多大學以上畢業生，讓工業發展得以順暢。就算是名列前茅的知名大

學，各校校長擴展校務幾乎都面臨缺錢，甚至有海外學人和台灣教授轉至大陸的北京大學等任教。因為缺錢，師資方面受限，未來培養的學生素質是否變差，每每看到此，就因自己也是國家培養出來的，當大學需要幫助時，都會盡一己之力。

鄭崇華強調，政策一定要務實。台灣經濟陷入了困境，但要是台灣早年能夠開放心胸（Open Mind），把兩岸之間「橋」架起來，現在局面可能大為改觀。因為，有太多的外商和公司希望跟台灣公司一起合作去大陸投資，因為台灣公司在大陸有同文同種和投資經驗上的優勢，但從 2007 年看來，機會已經越來越少。因為，當台灣政府決定關起門來，這些外商就只得找其他合作夥伴，或者親自去投資。另一方面，大陸當初也希望台灣能多去幫助他們，甚至當地的人才也希望能受雇於台灣公司，但是台灣一直沒有回應，以致錯過了大好機會，包括直航（註：2008 年 10 月，兩岸直航）和淨值 40% 投資上限的問題都還待解決。多年前，台灣一些企業界人士對於韓國政府力挺大企業態度，可說非常羨慕，因為台灣政府都不管企業。如今回過頭來看，卻發現台灣的作法才是對的，因為企業不能只靠政府，政府除了要營造環境，最重要的是不能干涉太多。[4]

## 從捐款給大學做起

為什麼不出版寫自傳，掛自己名字做講座？「當董事長，賺自己的錢，沒什麼了不起，每個人都會做同樣的事：但他們（指

孫運璿、李國鼎）把他們的生命、能力，貢獻給國家，假如沒有他們的努力及智慧營造好的環境和機會，根本不會有今天台灣許多企業的誕生。如果沒有讓下一代知道、做為典範（指孫運璿、李國鼎講座），是我們對不起他們。」鄭崇華認真地說。

研究企業型基金會的台灣大學社會系主任暨學務長馮燕形容鄭崇華是「真心的公益家」，他不僅希望「保存」自然環境，也陸續「保存」好的人物典範，為台灣傳遞美好價值，盡一份心力。[5]

2002 年台達基金會獲得教育部表揚，「推廣社會教育有功團體」。

# 貳、表彰孫運璿精神

揚清才能激濁，鄭崇華透過觀念典範人物，想導正社會風氣。

## 設立講座的原因

鄭崇華常覺得一位領袖人物對社會的影響是很深遠、很巨大的，台灣的經濟發展要是沒有尹仲容、陶聲洋、李國鼎、孫運璿等先生，一定不會走到今天的榮景，工業與科技肯定起不來。

我們去讀歷史，這些官員過去執行政策時，曾遭到很多反對的聲音，嫉妒的人也很多。聽說陶聲洋晚上還把公事帶回家，最

後積勞成疾在任內逝世，過世時，家裡連生活都有問題。

李國鼎、孫運璿也跟陶聲洋一樣，他們決定發展半導體、電腦產業，如果沒有這些遠見，制定好的政策、做對的事，台灣絕不可能有今天這樣的工業水準。他們為政府做事，最後兩袖清風，鄭崇華很為他們抱屈。鄭崇華常對公司員工說：「為什麼台達會有今天？不能忘記，那是因為有李國鼎和孫運璿。」

鄭崇華分別在清華和成功大學設立孫運璿科技講座和李國鼎科技講座，這是基於感念兩位資政對國家所做的奉獻，並希望能透過設立科技講座，來提醒大家緬懷前輩為我們所做的犧牲奉獻，同時提供大學發展科技的具體資源。

他覺得台灣在社會公益方面做的似乎並不夠，他希望能夠藉由他的拋磚引玉，讓更多人一起來參與。[6]

### 撥亂世

鄭崇華接受《經濟日報》記者們專訪時指出，「可惜近年台灣政治紊亂，兩岸關係未見改善，使台灣的空間越來越小；反觀，對岸全力發展經濟。台灣需要有像李國鼎、孫運璿這樣真知灼見的領導人，帶領台灣突破困境，提升國際地位。」[7]

### 整治社會風氣

2007 年 2 月，「鄭崇華有感而發表示：台灣壞的示範太多，對青少年間接影響極大，只會令社會更亂、更糟，為了下一代及台灣好；大家應多多談論孫運璿、李國鼎等，毫無私心、對台灣

真正有貢獻的典範。」[8]

2008 年 11 月 18 日，鄭崇華出席行政院科技顧問會議中，有感而發地表示，日前看到電視新聞多次報導前國家領袖的弊案。為何有人被放在這麼高的位置，卻做出這麼不好的事情，他憂心年輕一代的價值觀因此混淆。一個人的好壞是受基因與環境影響，好的領袖會影響社會風氣，好的企業主也會帶動員工士氣，而李國鼎與孫運璿的科技人精神有振衰起弊的功用。[9]

## 清華大學孫運璿科技講座

2001 年，鄭崇華捐 100 萬股股票給清華大學，以當時股價 100 元計算，市價 1 億元，以孳息來維持「孫運璿科技講座」的運作。

掛名企業名號的講堂或講座（詳見表 6-1），有助於提升公司的企業形象和校園召募。

表 6-1　進駐大學的知名企業講座

| 講座名稱 | 舉辦地點 | 贊助企業組織 |
| --- | --- | --- |
| 聯電科技講座 | 交通大學 | 聯華電子 |
| IBM、政大企業創新講座 | 政治大學商學院 | 台灣 IBM |
| 台灣科技女傑校園講座 | 台灣大學 | 台灣 IBM |
| e 趨勢校園講座 | 線上同步教學 | 趨勢網路軟體教育基金會 |
| 李國鼎先生科技管理紀念講座 | 台大管理學院 | 創業投資商業同業公會、李國鼎科技發展基金會 |
| 孫運璿科技講座 | 清華大學科技管理學院 | 鄭崇華捐贈股票時價 1 億元 |
| 孫運璿先生管理講座 | 台大管理學院 | 孫運璿基金會 |

　　由台積電、聯電等科技業捐贈成立的孫運璿基金會，在台灣大學舉行孫運璿先生管理講座也行之多年。

## 紀錄片

　　「如果說，今天台灣的電子產業榮景是三十年前所打下的基礎，那麼奠下基礎的人無疑就是孫運璿和李國鼎兩位推手！」2001 年在台達三十歲「功成名就」的那一年，卻選擇為孫運璿和李國鼎拍攝紀錄片，做為「飲水思源」的感恩禮讚。台達基金會發表了獨資拍攝的「掌舵風雨世代──孫運璿傳」和「競走財經版圖──李國鼎傳」兩部紀錄片，希望藉由這樣的行動，重新喚起過往政治人物無私忘我、戮力從公的精神典範。

　　這二片是記錄兩位財經大老最完整的資料，除了跟公視合作播出之外，也提供各界免費索取中英文 DVD。

　　外界都以為鄭崇華一定直接受到這兩位大老的恩惠，但是在台達 35 週年記者會中，鄭崇華表示，他跟孫運璿、李國鼎資政並沒有任何交情，只是單純地想把這段歷史記錄下來。鄭崇華表示：「台達如今若有一點成就，孫先生與李先生是重要功臣，沒有他們奠定當時的良好投資環境和經濟政策，就沒有今日的台達。」[10]

## 2006 年 2 月，孫運璿病逝

　　孫運璿先後服務公職達 50 年，對國家經濟建設及政治發展有

極大貢獻。

他在經濟部長任內，就已經看到經濟需要升級，那時他瞄準了兩項目標，成立工業技術研究院和台灣積體電路公司，奠定台灣科技發展的基礎。

在他擔任行政院長任內，更面臨中美斷交和第 2 次石油危機等重大衝擊，孫運璿執行蔣經國總統的十大建設；化解經濟發展停滯的危機。在此同時，他也未停下經濟建設的腳步，包括闢建新竹科學園區等，此外，他推動成立中美貿易小組，帶領台灣安度風雨飄搖的年代，並進一步讓經濟發展順利升級。

1984 年孫運璿積勞成疾，轉任總統府資政，2006 年 2 月 15 日凌晨病逝台北榮總，享壽 93 歲。

各界當時一度找不到孫運璿的資料，最後卻發現資料最完整的就是台達在三十週年紀念時所拍的孫運璿的紀錄片，並蒐集有完整的文獻資料。

---

### 孫運璿語錄

★ 每一個地方的老百姓都應享受到電力，要真正讓老百姓得到平等、均富。

★ 我有三不，不應酬、不題字、不剪綵。公司老闆請吃飯，我跟他說有什麼話到我辦公室說。

★ 做事不要先講不行，先講非成不可，然後想怎樣做。

★ 對人海闊天空，做事仔細周密。

★ 我覺得自己為老百姓做得太少，我給老百姓賺錢，可是沒帶來幸福。

★ 不要談無力感，而是問你能為國家做些什麼？

## 小檔案

### 孫運璿

| 時間 | 經歷 |
|------|------|
| 1913 年 | 出生於山東省蓬萊縣 |
| 1934 年 | 哈爾濱工業大學畢業 |
| 1935 年 | 隴海鐵路洛陽機廠、連雲港發電廠工程師 |
| 1940 年 | 青海西寧電廠廠長 |
| 1945 年 | 赴台灣參與電力接收，任台灣區電力監理委員 |
| 1946 年 | 台灣電力公司機電處處長 |
| 1950 年 | 台電總工程師 |
| 1953 年 | 台電協理兼總工程師 |
| 1962 年 | 台電總經理 |
| 1964 年 | 世界銀行聘為奈及利亞全國電力、公司執行長兼總經理 |
| 1967 年 | 交通部長 |
| 1969 年 | 經濟部長 |
| 1978 年 | 行政院長 |
| 1984 年 | 總統府資政 |

## 2007 年，成大孫運璿綠建築研究大樓

2007 年 1 月 29 日，鄭崇華以個人身分，捐贈成功大學 1 億元興建「孫運璿綠建築研究大樓」，跟母校共同推展「綠建築」與「環保教育」的理念，也紀念他最尊敬的孫運璿。

該大樓位於成大力行校區，地上三層、地下一層的建築物，作為國際會議中心和綠建築科技研究展示大樓，採取最經濟、最

有效率的綠建築技術，包括節約能源、再生能源、廢棄物減量、水循環、奈米光觸媒等，並且以水庫汙泥燒製的再生骨材為混凝土作為結構材料等，可達到 80% 採用再生回收建材的環保目標。也以自然通風採光為主的亞熱帶節能外型設計，使用高效率節能空調系統、太陽能光電、光導管、能源管理系統，可達到比一般建築物節能 50% 的水準。

　　成功大學校長高強在捐贈儀式上宣布，提撥配合設備經費 4,000 萬元，充實大樓在太陽能光電、能源和環境監測、綠色建築實驗方面的教學研究設備。[11]

## 2008 年 12 月，興建成大台達大樓

　　2008 年 12 月 12 日，鄭崇華以個人名義，捐贈 2.5 億元給母校成功大學，在台南科學園區興建成功大學台達大樓，是成大創校 77 年以來，收到最大筆的個人捐款金額。加計其他小額捐款，他個人累計對成大的捐款總額約 5 億元，是成大捐款額度最高的校友。

## 2008 年，清大孫運璿紀念中心揭幕

　　2008 年 5 月 5 日，清華大學科管院旗下台積館六樓「孫運璿紀念中心」（面積約 60 坪）舉辦開幕剪綵及茶會，包括台積電副董事長曾繁城、聯發科董事長蔡明介、鄭崇華都是與會嘉賓，而

鄭崇華更獲得清大頒予感謝狀，感謝他對清華大學的長期贊助。

該中心是為了孫運璿一生對國家、尤其是對高科技產業的萌芽、生根、茁壯、帶動經濟起飛，所做出的重大貢獻而成立。

曾繁城、蔡明介和鄭崇華都是工研院 1973 年派往美國 RCA 受訓的種子計畫中的成員。鄭崇華指出，當初在 RCA 受訓時曾兩度跟孫運璿會面，孫運璿再三告訴鄭崇華等成員，受訓一定要成功，當時他們就很佩服孫運璿。曾繁城強調，他們那個年代的人都非常佩服孫運璿。[12]

# 參、宏揚李國鼎貢獻

鄭崇華為了宏揚李國鼎的貢獻，陸續捐款、在大學內設立講座、蓋系館，底下詳細說明。

## 李國鼎對經濟的重大貢獻

李國鼎擔任財政部長時，已嗅出中小企業為台灣經濟發展根基，因而推動「中小企業信用保證基金」制度，成就當時的中小企業成為現今的國際大企業。

李國鼎力排眾議，並優先提出要政府制訂智慧財產權政策的概念，也因此奠定台灣科學園區的發展基礎，他還建議成立行政院科技顧問組。

## 成功大學李國鼎科技講座

2001 年，鄭崇華捐贈 100 萬股台達股票在成功大學設立「李國鼎科技講座」。他以股票孳息方式獎助獲獎者，除了紀念李國鼎先生對台灣經濟的貢獻外，也藉此激勵學術研究，提升研究水準。

### 小檔案

**李國鼎**

出生：1910 年

學歷：英國劍橋大學物理研究所、國立中央大學理學士

經歷：台船總經理、經濟部長、財政部長、國科會委員、資策會董事長、總統府資政

### 李國鼎語錄

★我就像一個罐子，不斷傾聽，裝滿別人的意見，吸收後再裝。

★因著堅定的信仰，使我突破萬難落實政策。

★台灣環境搞好，資金自然來。

★辦公室的半罐漿糊也不可帶回家用！

★求效心切，不計毀譽，容或有之。

★政府官員若能抱著「計利當計天下利」的精神做事，便可無愧於心。

## 捐 2 億元給中央大學

2005 年 10 月 28 日，鄭崇華以個人名義捐給中央大學 2 億元，興建國鼎光電大樓，2010 年 8 月落成使用。

　　鄭崇華感念「台灣科技之父」李國鼎是中央大學校友，由於中大 2006 年成立以「光學」為訴求的光電系，因此鄭崇華捐錢興建光電科技大樓，並命名為「國鼎研發大樓」。雙方並簽署成立「聯合研發中心」，攜手進行光電科技研發，共創世界級光電科技，樹立產學合作典範。

　　中大校長劉全生表示，這是中大在台復校 43 年來，收到最高額的個人捐款。

　　劉全生說，台達有兩座廠區位於中壢市，台達重視研發，也主張兼顧生態平衡，大力推廣環保、節能觀念，雙方基於共同價值和理念，希望把光電科技大樓打造為綠建築。鄭崇華指出，光電科技是熱門技術，許多科技人也許電學、力學學得好，但光學未必讀得好。他希望拋磚引玉，培育光電人才。[13]

## 捐款的幕後故事

　　越「新高」產業，對於關鍵零組件、精密設備及先進材料的進口依賴越重，花費在購買高階技術的金額就越龐大。

　　隨著新式數位影音光電產品的蓬勃發展，開發光學元件的關鍵技術，擺脫對先進國家技術依賴，成為最迫切的挑戰。其中一項不起眼、卻存在我們周遭的核心就是「光學薄膜」（optical thin film）。薄膜是在光學元件上鍍上一層或多層的介電質膜或金屬膜，藉以改變光波傳遞的特性。其應用非常廣泛，從精密光學儀器到日常生活的太陽眼鏡、數位相機、手機、顯示器、光儲存、

鈔票辨識等，都少不了光學薄膜技術。

　　過去，台灣的高級光學鍍膜都要仰賴國外技術。此一窘境，經過中央大學李正中教授平實卻動人的奮鬥，出現新的局面和可能性。

　　鑑於薄膜技術為提升光電科技和產業價值的關鍵技術，李正中一直堅持台灣必將建立自己的光學鍍膜技術，早日脫離對美日依賴。其背後的信念在於，堅持鍍膜為整套理理論、技術、材料與設備的建立，唯有一步一腳印，像打造房子的地基、柱子、瓦片……各方面都兼備，鍍膜產業才能因應而生，進而立足世界。

　　2004 年，李正中在中央大學成立薄膜技術中心，結合產官學研，接受的委託研究案超過 1600 件。他在各地講授「薄膜光學與鍍膜技術」課程，光電界受惠的學員近兩千人，對提升台灣鍍膜工業和光電科技產業有貢獻。台達過去發展投影機時，光學專業不足，因此請李正中教授到公司授課。

　　李正中是少數從事光學鍍膜技術研究的學者，他最知名的貢獻就是開發出「離子助鍍法」，不但是第一位在台灣（也是世界少數先驅）利用離子助鍍技術研究薄膜，並應用於各種光學濾光片，對台灣的產業界有重大影響。台灣的鍍膜產業能夠在世界上占有一席之地，精密光學元件的產值全球市占率達 5%，李正中是重要推手。李正中完成世界各大學中第一台自製配備有離子源及電子鎗的高真空光學鍍膜機，兼具研究、教學與產學合作功能。

　　李正中也因為薄膜技術中心的研究，跟鄭崇華結緣，兩人共

同寫下台灣學術史上合作的一頁。

因為薄膜中心的傑出貢獻，李正中受命籌備成立中央大學的光電系。籌備期間，面臨空間不足的窘境。2005 年，有一次鄭崇華去拜訪李正中，看到他愁眉不展，詢問有何需要協助之處。李正中回答，事情太麻煩，不談也罷。鄭崇華對眼前這位他所賞識的學界友人講：但說無妨，只要做得到，一定幫忙到底。李正中只好直言，他需要一棟大樓！鄭崇華得知校地沒問題後，就交代秘書尋找李正中確認興建大樓所需費用，二話不說，把 2 億元的捐款支票開出。中央大學校園內的國鼎光電大樓就此誕生。[14]

### 跟中央大學合作

中央大學光學研究中心裡有個很高科校、昂貴的縮小版無塵室，裡面每個人都穿著無塵服從頭包到腳，他們不全都是學生，其中，還有幾個台達的員工。

跟中央大學的十四個合作計畫中，就數這個計畫最單純，台達只是借用中央大學的設備，來印證台達初期研發的 LED 技術和專利。

## 中央大學對未來的展望

2008 年 6 月 1 日，中央大學創新育成中心光電中心固態照明研究群、照明與顯示科技研究所共同主辦的第五屆「固態照明研討會」，在中大興辦，這個台灣 LED 照明界的年度盛會，吸引超過 600 人參加。

## 中央大學光電中心

中央大學光電中心的微光電實驗室成立於 2001 年，目的為建立一個擁有先進半導體製程實驗室，供校內不同領域老師們進行學術研究和技術開發。提供 4 吋矽晶製程技術及 III-V（三五族）半導體高頻元件和光電元件製程技術的開發。

無塵室內部共有 10,000 級、1,000 級、100 級的無塵區，實驗室有來自於電機系、光電所、物理系、機械系、化材系等系所教授參與，而所參與的碩博士研究生近 150 位。大型計畫有固態照明科專計畫、高速平行化科專計畫，及單光子單電子電晶體奈米計畫，同時業界也有計畫參與。

中大固態照明團隊是垂直整合程度很高的 LED 研究小組，研究主題包括 LED 的磊晶、晶片處理、封裝散熱、螢光粉、光學設計甚至到色彩控制等。在經濟部科專計畫的強力支援下，三年來已有優異的成果，並跟產業界積極互動，被產業界寄予厚望。

台灣的 LED 照明技術比美、日落後了 1～2 年。有鑑於此，2008 年 8 月 1 日，中央大學成立台灣第一所照明與顯示研究所，招考 10 位碩士班研究生，擔任所長的中大光電系教授與育成中心主任的孫慶成博士表示，台灣在 LED 照明的學術界前導研究總算踏出第一步，未來將結合最傑出的師資陣容，培育 LED 照明尖端人才。[15]

## 鄭崇華拿自己的錢來捐

知名企業為提早培育人才，透過捐款在大學成立學術大樓或研發中心早已蔚為風潮，由表 6-2 可見，由晶圓代工龍頭台積電開跑，台積電於 2000 年以 1.5 億元資助清大成立台積館之後，廣達、聯發科也陸續跟進。

跟其他由公司捐錢不同，鄭崇華都是拿自己的錢，掛孫運璿、李國鼎的名。

表 6-2　企業、企業家捐款給大學蓋樓

| 日期 | 公司 | 大學 | 金額（億元） | 大樓 |
|------|------|------|------|------|
| 2008.8.25 | 台積電 | 清華 | 1.5 | 台積館 |
| 2001.8.28 | 廣達 | 台灣 | 3 | 電資學院大樓 |
| 2003.7.8 | 聯發科 | 交通 | 1 | 聯發科研究中心 |
| 2004.9.29 | 友達／明基 | 台灣 | 2.7 | 明達館 |
| 2005.10.28 | **鄭崇華** | 中央 | 2 | 國鼎研發大樓 |
| 2005.12.16 | 台積電 | 台灣 | 1.2 | 積學館 |
| 2006.5.12 | 富邦 | 台灣 | 2 | 富邦館 |
| 2006.5.12 | 國泰 | 台灣 | 2 | 霖澤館 |
| 2006.6.19 | 華碩 | 台灣 | 5.4 | 人文大樓 |
| 2006.11.11 | 奇美電 | 成功 | 2.7 | 奇美館 |
| 2006.12.18 | 華映 | 交通 | 2 | 交映樓 |
| 2007.1.16 | **鄭崇華** | 成功 | 1 | 孫運璿綠建築研究大樓 |
| 2007.2.1 | 聯電 | 交通 | 10 | 工程四館改名賢齊樓 |
| 2008.12.12 | **鄭崇華** | 成功 | 2.5 | 成大台達大樓 |

資料來源：業者。

## 成大台達大樓

2008 年 12 月 12 日，鄭崇華捐款 2.5 億元給成功大學，興建「成大台達大樓」成大校長賴明詔與鄭崇華出席。雙方並簽署「成大與台達研發合作協議書」，未來在新能源的開發、儲能、節能以及其管理之相關科技；環境保護科技；電力電子、電源供應器相關科技；電動車輛；影像、資訊、網路、多媒體以及顯示器之相關科技；醫療相關科技；相關材料、製程與設備科技等方面，雙方將進行研發合作。

## 肆、公益第二階段：2003 年，公益

21 世紀起，美國企業家捐款蔚成風潮，「本性難改」，希望基金會做得更有效果，最簡單的說法便是「企業化經營」（或向企業學習）。此時，企業公益從「慈善團體」的色彩逐漸移向公益團體（像紅十字會、董氏基金會）。

這種思潮也衝擊到鄭崇華，因此從 2003 年起，便把台達基金會轉型。

## 慈善 vs. 公益

公益跟慈善有何不同？克萊兒·高迪安妮在《善舉：公益如何推動美國經濟、拯救資本主義》一書中指出，**公司慈善**（**Corporate philanthropy**）是舒緩痛苦症狀，而公益則是投資

在解決之道，「不同於『提供收容所及食物』，美國式的捐助行動，採投資導向，這反映了我們的價值觀——自由、個人主義及創業精神。」

搜尋引擎谷歌創辦人賽吉‧布林（Sergey Qrin）與賴瑞‧佩吉（Larry Page），在谷歌 2004 年股票上市時宣布，要把一部分的股票及獲利，捐給谷歌的公益機構 Google.org，希望它能「善用豐富資源，大膽創新，解決全球最大的問題。有一天，對世界的影響力超過谷歌。」

## 用核心能力來改善世界

2005 年，對公益活動的議題在於公益活動也得講究投資報酬率，其中之一是策略大師麥克‧波特和馬克‧科萊姆在《哈佛商業評論》上的文章《公益事業的新議題：創造價值》中。極端的作法甚至稱為公益資本主義。

公益產業研究報告《展望未來》的共同作者凱薩琳‧富爾頓表示：「新起的億萬富翁中只要有 5～10% 以創意的方式做公益，就能徹底改變未來 20 年的公益事業。」

IBM 董事長葛斯納任內主持美國全國教育高峰會，並把 IBM 全球 1.437 億美元的公益經費的一半，投入教育相關的研究開發，研發出協助學生閱讀的語音辨識技術、替偏遠地區建立遠距教學計畫。員工也因此覺得自己的工作「有價值」，也同時讓公司具備人才吸引力，成為 IBM 不同的競爭優勢。

用核心能力做公益，效果最大

**《經濟學人》提醒，從企業原本就擅長的能力來善盡企業公民責任，才能發揮最大的效果。**例如，一家顧問公司與其去種樹來做公益，不如去輔導、協助一個公益團體如何運作得更有效率。

以微軟的企業公民計畫為例

微軟公關副總經理張衣宜表示，微軟企業公民計畫的定位是「公益」，而不是慈善，著眼的是長期經營和社會效益，而不是短暫、單點的行銷造勢。此外，由於微軟深刻體認到單只投入金錢沒法解決社會問題，因此堅持只從事跟公司核心能力有關的活動，再投入長期資金和人力，如此才能真正為社會帶來良性的助益。

微軟的企業公民計畫是透過技術、合作關係，以及專案計畫，以經濟貢獻和社會契機提供利益給大眾，整項計畫實施有年，牽涉的各項專案也相當多，詳見圖 6-1。概括來說可以分為兩大方向。

- 循著教育體制推動資訊教育，包括從小學、中學、大學、一直到研究所，微軟都有對應的專案與計畫，目的是以多元而實務的角度補足建制教育的不足；「e 教育計畫」是其中一項。

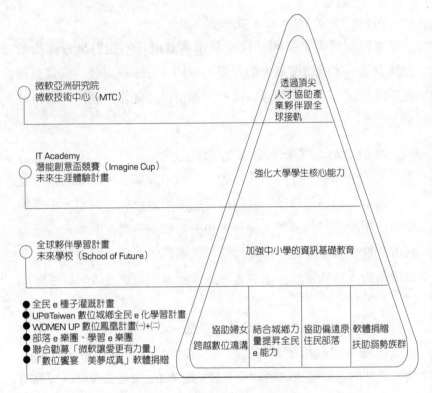

○ 微軟亞洲研究院
微軟技術中心（MTC）

透過頂尖
人才協助產
業夥伴跟全
球接軌

○ IT Academy
潛能創意盃競賽（Imagine Cup）
未來生涯體驗計畫

強化大學學生核心能力

○ 全球夥伴學習計畫
未來學校（School of Future）

加強中小學的資訊基礎教育

● 全民 e 種子灌溉計畫
● UP@Taiwan 數位城鄉全民 e 化學習計畫
● WOMEN UP 數位鳳凰計畫㈠+㈡
● 部落 e 樂團、學習 e 樂團
● 聯合勸募「微軟讓愛更有力量」
● 「數位饗宴　美夢成真」軟體捐贈

| 協助婦女跨越數位鴻溝 | 結合城鄉力量提昇全民 e 能力 | 協助偏遠原住民部落 | 軟體捐贈扶助弱勢族群 |

圖 6-1　微軟的企業公民計畫

資料來源：微軟台灣分公司。

・往欠缺正規教育資源的社會底層發展，針對原住民、婦
女、城鄉地區，以及弱勢族群提供資訊教育，即「數位鳳
凰計畫」。

透過這種上下雙軌並行的策略，又能善用公司的核心能力並長期耕耘，微軟對台灣社會所投注的心力與獲得的成果，讓它在2008 年的「台灣資訊競爭力大調查」中，成為最受台灣民眾肯定的外商。[16]

### 意外的效益之一：商機點子

無私心地多跟外界接觸，反而常可激發創意。許多領導企業發現，企業從事的「社會部門」，竟然是培養創新和創意的溫房。例如 IBM 從 1994 年就開始的「重新創造教育專案」，提供免費的技術支援和金錢贊助，讓公立學校發展他們所需要的軟體和應用。許多後來創新應用就是從這個專案中衍生，例如利用聲音辨識系統教孩子閱讀，以及連結家長和老師的數位系統，讓家長可以在家中或社區中心看到小孩在學校的狀況等等。

「這不是慈善，而是研發，是策略性的事業投資，」傳統的企業慈善作為無法達到這個效應，是因為傳統企業的志願服務活動，只搔到問題的表面，公司只是把錢丟出去，然後走掉，但接受者需要的不只是錢，而是一種持續、可複製、結構化的改變。[17]

### 團結力量大

策略管理大師麥克‧波特認為競爭環境中，群聚（cluster）效應的產生，影響力很大，即公益投資如果能匯聚產業聚落的力量，會非常可觀。公益是改善環境最好的方式，例如，把錢給大學，是加強當地技術人力條件，最不昂貴的方式。因為公益不牽

涉個人利益，使企業可藉此援引其他資源，例如非政府組織、政府。[18]

# 一石三鳥

21 世紀，企業公益越來越講究一石三鳥，即講究生產力。

### 三個底線

此時的企業公益越來越帶有企管色彩，希望同時能一石三鳥的達到**三重底限（triple boottom line）**，包括財務、社會及環境等，尤其是公益工作的走向，帶有「策略性」、「市場導向」、「以知識為基礎」性質，而且必須「高度參與」，讓捐款產生最大的「槓桿效用」。

### 槓桿作用

槓桿效用非常重要，因為捐款的企業人士深知，不論個人的財富有多少，都比不上政府和公司可以運用的財力。要發揮效用，他們必須把資源集中在政府或公司忽視的問題上。他們沒有選民或股東的壓力，可以大膽嘗試更有創意的解決方式，供政府及公司大規模地仿效。

# 2003 年，校災與環保宣傳

鄭崇華認為，1990～2002 年時，基金會的運作「做得太雜，不夠專業」，2003 年，鄭崇華改善基金會的績效，「基金會也必

須導入企業的經營方式，才能發揮最大的效益。」

台達基金會開始向紅十字會和家扶基金會學習如何管理非營利組織：聘請四位專職的員工負責基金會的運作，從 2003 年開始聚焦在環保與節能領域。

2003 年基金會的支出達 5000 萬元，主要活動項目如下。

‧贊助公共電視《綠色地球我的家》環保影片暨環保系列活動（包括中廣新聞網環保短片播放及全國創意環保大賽）。

‧非典型肺炎肆虐全台期間（3〜7 月），台灣醫療體系嚴重缺乏 N95 口罩，泰達員工自動自發在泰國一家家店舖採購 N95 口罩，並且立刻由員工直接帶回台灣，捐贈給醫院使用。

「台達就是要塑造這樣的自動自發的精神，然後擴大到社會互相關心，」基金會執行長海英俊強調。[19]

## 2004 年，以小學的環保觀念推廣為主

2004 年即投入 6200 萬元用於環保節能的推廣及教育贊助，陸續推出環保節能的影片、手冊等教材，推廣到中小學。

平日低調作風的鄭崇華，卻願意為了宣導環保節能觀念，花上兩個小時到台灣大學對百餘位學生演講。

為了鼓勵學生投身環保事業，基金會捐贈了 300 萬元成立環境獎學金，基金會每年還提供五名獎學金，全額補助赴荷蘭攻讀環保相關的碩博士。海英俊指出，荷蘭在水資源和再生能源利用的成效卓著，是台灣很好的學習對象。

2004 年底，基金會跟科教館合作，斥資近 300 萬元改裝一輛貨櫃車，巡迴各校園，傳遞綠色能源的觀念給學生們。

## 鼓勵員工參與社區活動

歐美有些大型企業會給員工幾十天的公益假期，不但有助於吸引人才或留才，也成為企業健康指標之一。

除了捐款，有些台灣企業要求員工參與社區活動。像台灣拜耳 （Bayer）2003 年起委託台灣環境資訊協會規劃台灣首見的「生態工作假期」（ECO Working Holiday），鼓勵同仁利用假期擔任志工，到台東利嘉林道建置小規模人工溼地，協助當地污水處理，一方面保護當地生態，一方面也可享受另類的自然休閒。

南韓三星集團實施「1% 工作時間社會服務活動案」，15 萬名員工必須把每年工時的 1%、每月至少一次，用於義務性社會服務活動，總時數必須在 20 小時以上。員工執行社會服務的成果，也納入考核活動。」

台達對於這方面的活動，似乎還不夠多，應該多加宣傳，起帶頭作用。

## 2009 年，八八水災後助重建

2009 年，台灣發生五十年來最大的水災「八八水災」，鄭崇華在第一時間捐出 3 億元（個人 1 億元和台達基金會 2 億元）、公司 2 億元，是捐款最多的企業家。

　　台達員工總計 3,000 多人，每個人也捐出一至五日所得。

　　9 月 4 日，台達跟成功大學達成共識，將共同協助政府災後重建，並指定高雄縣四所災區小學，打造一流的「綠色生態小學」。

　　台達基金會副執行長周志宏表示，這些小學將超越現行任何國家標準，引進節能、環保與防災科技，誓言取得當地最高等級的「鑽石級綠建築標章」，以達到安全、生態與節能減碳的典範。[20]

# 伍、公益第三階段：社會企業

　　公益的第三階段不再是「給魚吃」的慈善（濟貧），甚至是「給釣竿」的扶弱。2006 年，全球逐漸流行**「社會企業」**（social enterprise）這個觀念，有點像非營利組織的公益性，和採營利事業（即企業）綜合體，也就是**「不以賺私利為宗旨」的公司**，因此又稱為「營利性公益」，以擺脫非營利組織仰賴捐款所可能碰到的斷流風險，但又不像公司那麼「謀一己之私」。因此又稱**「慈善創投」**（venture philanthropy）。

　　鄭崇華的公益活動應該有可能進階到社會企業，因此本節先作介紹。

## 從企業公民責任到社會企業

早在 1960 年代，現代管理學之父，杜拉克（Peter Drucker）提出「社會創新」和「經濟創新」同等重要。他認為創新是把經濟、社會以及其他形式的資源轉變為新的生產力，從而創造財富的過程。透過創新途徑滿足社會上的需求缺口，足以對社群團體，甚至是整個社會造成深遠影響。

根據維基百科（Wikipedia）的定義，**「社會創新」**是針對社會需求所提出的新穎想法、觀念、策略，甚至是社會需求所衍生的組織和制度，例如衛生健康、教育學習、社區發展等。南丁格爾（Florence Nightingale）在克里米亞戰爭中創立的專業護士體系，就是醫療照護上的創新。

為了「社會創新」而生的組織型態之一，即為「社會企業」。社會企業具備一般企業的營運方式，它所提供的產品、服務主要以「社會目的」為目標，並且持續創新。它跟營利企業最大的差異，在於社會目標的機會辨識，閒置社會資源的開採，以及適當的資源交換方式。不過「社會企業」也必須兼顧財務、社會跟環境三大目標的表現，才能得到投入資源者的認同。

2006 年諾貝爾和平獎得主孟加拉尤努斯成立的鄉村銀行、麻州理工大學的百美元筆電（OLPC）計畫、以創投方式資助社會改革的「阿育王」組織（Ashoka）等，都是很具體的社會企業案例。台灣由趨勢科技創辦人張明正成立的若水企業，正在嘗試「社會創業」，也引起很多的注意。

# 社會企業的典範：孟加拉鄉村銀行

2006 年 10 月 13 日，諾貝爾和平獎結果出爐，得主是來自孟加拉的穆罕默德‧尤努斯（Muhammad Yunus，1940 年次）及其所創辦的「鄉村銀行」（Grameen Bank，又稱為「窮人銀行」；在孟加拉語，Grameen 意即「鄉村」）。

### 貧窮不是她們的錯

美國密西根大學教授、管理大師普哈拉在《金字塔底層大商機》中指出，人類已經進入 21 世紀，但是貧窮，以及隨之而來的公民權利遭受剝奪，卻依然是世上最令人氣餒的問題之一。普哈拉認為，傳統的慈善濟助作法無助於消滅貧窮，反而會讓窮人陷於無能的狀態。唯有企業透過大規模的創新活動，協助解決貧窮問題。

尤努斯相信貧窮是社會制度的缺陷使然，並不是窮人的錯，更不是因為他們懶惰或缺乏謀生技能。他認為：「窮人，就像一棵長在小花盆裡的植物，只有小小的空間可以成長，是個發育不良的小東西。也許本來你可以成為龐然大物，但你永遠沒有機會知道。這就是貧窮。」

### 尤努斯創辦「鄉村銀行」

1974 年，孟加拉陷入嚴重飢荒，成千上萬人因此喪命，數百萬人飽受貧困之苦。當時，於美國取得經濟學博士學位、任教於孟加拉吉大港大學（Chittagong University）經濟系的尤努斯痛苦地

承認，當國家處於苦難中時，自己在學術上的成就竟是如此沒有意義，也播下了他往後致力於協助窮人的種子。

尤努斯堅信，慈善不能解決所有問題。「如果只是捐款，一筆錢只能夠用一次；但是如果貸款給他，這筆錢可以一直循環下去，永不間斷。」

自 1983 年創立以來，鄉村銀行已借款給 800 萬人，每年平均借出 8 億美元的**小額貸款**（微型貸款，microcredit，每筆貸款 50～100 美元），迄 2009 年 2 月累計金額達 80 億美元。貸款的資金來源是存款和銀行內部資金，而其中的 67% 存款更是來自貸款人本身。

### 持續創新，讓貧窮成為歷史陳跡

從最初創業僅兩名員工，到如今已經激增至兩萬人，尤努斯除了持續擴張銀行業務、推出各式各樣的窮人小額貸款計畫之外，還把觸角延伸至多個領域，成立了 18 家公司，儼然是一個龐大的企業集團。以鄉村電信（Grameen Telecom）為例，早在 1997 年，孟加拉只有 50 萬支行動電話，2006 年 10 月鄉村電信已有 900 萬用戶，而且銀行借款人中，有 25 萬人是靠手機創業，即俗稱的「鄉村電話女郎」。透過以特惠低價取得的行動電話，再以近似於公共電話的形式租給當地顧客，不但替銀行女性客戶創造更多收入，也帶動了鄉村通信的革命。

鄉村集團正透過提供太陽能電池板的能源事業，協助解決孟加拉近七成的家庭沒電可用的問題。還將生產廉價、營養豐富的

優格產品，並且推出低成本的眼睛醫療照護，以及設有視訊裝置的鄉村醫院，讓村民可以跟城市裡的醫生「面對面溝通」。

尤努斯證明了，不以利潤極大化為目標的社會企業，同時可讓企業獲利和為窮人創造福祉。不過，他的目標並不僅止於此，而是「建立一個沒有貧窮的社會」，期盼能在 2015 年把貧窮問題剷除一半，更希望在 2030 年建立一個「貧窮博物館」（意思就是，「有一天，我們的子孫將會去到博物館去看貧窮究竟是什麼樣子。」）[21]

### 諾貝爾獎評審委員會的肯定

諾貝爾評審委員會在讚辭中指出：光靠微型貸款也許不能消弭貧窮，但它證明這並非毫不可能。和平得以延續，端賴多數人能脫離貧窮，在鄉村銀行，小額信貸成了一項符合效益成本的打擊貧窮武器。

社會底層的擺脫貧困，也有助於深化民主和人權。尤努斯和鄉村銀行證明，縱使是赤貧之人也能努力改變人生。

## 比爾・蓋茲也打擊貧窮

2008 年 1 月 24 日，微軟董事長比爾・蓋茲在世界經濟論壇上倡議**「創造性資本主義」**（creative capitalism），企業、政府跟非營利組織應通力合作，以力抗全球性的貧窮問題，並為他們開發更多科技創新。

他說：「我們必須找出一個方法，讓服務富人的資本主義，

也能服務窮人。我稱此為創造性資本主義。」比爾‧蓋茲強調，全球各地的企業可以擴大發揮市場力量，讓科技的好處嘉惠眾人。他說，現在世界進步的速度還太慢「我是樂觀派，但我是一個迫不及待的樂觀派，世界並不是對每個人來說都變得更好。」

他也宣布，微軟已跟戴爾公司合作，銷售「紅」品牌個人電腦。紅品牌包括美國運通、蘋果公司、亞曼尼等多家公司的產品，銷售所得將捐出部分給全球對抗愛滋病、肺結核和瘧疾基金會，這項行動最初是 U2 主唱波諾（Bono）在 2006 年全球經濟論壇上宣布的。

比爾‧蓋茲說：「紅品牌產品在 30 多國都可以買到，過去一年半中，已為全球對抗愛滋病、肺結核與瘧疾基金會帶來 5,000 萬美元的收入。受惠於這筆金額，非洲有 200 萬人獲得救命良藥。」

1 月 25 日比爾‧蓋茲與梅林達基金會宣布，捐出 3.06 億美元，幫助非洲和其他開發中地區的小農。由於開發中國家的農業一直未受到應有的支持與重視，但這對農村地區的開發至關緊要，農業區是多數世界上最貧困的人居住的地方。

比爾‧蓋茲說：「投資內容包括種籽改良、土壤養分涵養與創造新市場等，會讓小孩吃飽、延長壽命，可說非常划算。」[22]

# 註　釋

## 第一章

1. 摘自《天下雜誌》，2004 年 10 月 25 日，第 219 頁。

2. 《商業周刊》，2006 年 3 月 6 日，第 16 頁。

3. 《天下雜誌》，2007 年 3 月 14 日，第 178 頁。

4. 《天下雜誌》，2003 年 10 月 15 日，第 34～36 頁。

5. 《經濟日報》，2008 年 7 月 9 日，A12 版，詹惠珠。

6. 《遠見雜誌》，2005 年 6 月，第 156 頁。

7. 《經濟日報》，2008 年 6 月 6 日，A3 版，梁任瑋。

8. 《工商時報》，2006 年 5 月 11 日，D3 版，謝宛蓉。

9. 《非凡新聞周刊》，2006 年 5 月 7 日，第 129 頁。

10. 《經濟日報》，2005 年 10 月 30 日，A3 版，何易霖。

11. 《經理人月刊》，2005 年 11 月，第118 頁。

12. 《工商時報》，2006 年 5 月 11 日，D3 版，謝宛蓉。

13. 《非凡新聞周刊》，2006 年 5 月 7 日，第 129 頁。

14. 《天下雜誌》，2005 年 9 月 15 日，第 58～59 頁。

15. 《非凡新聞周刊》，2007 年 9 月 16 日，第 16 頁。

16. 《經理人月刊》，2005 年 11 月，第 115～116 頁。

17. 《天下雜誌》，2003 年 9 月 15 日，第 47 頁。

18. 《工商時報》，2006 年 5 月 11 日，D3 版，謝宛蓉。

19. 《工商時報》，2006 年 5 月 11 日，D3 版，謝宛蓉。

20. 《經濟日報》，2008 年 3 月 24 日，A3 版，詹惠珠。

21. 《經濟日報》，2005 年 12 月 13 日，A5 版，詹惠珠。

22. 《天下雜誌》，2005 年 9 月 15 日，第 61 頁。

23. 《經理人月刊》，2005 年 11 月，第 119 頁。

24. 《非凡新聞周刊》，2006 年 5 月 7 日，第 128 頁。

25. 《經理人月刊》，2005 年 11 月，第 120 頁。

26. 《天下雜誌》，2005 年 10 月 15 日，第 253 頁。

27. 《非凡新聞周刊》，2007 年 9 月 16 日，第 63 頁。

28. 《經濟日報》，2005 年 12 月 13 日，A5 版，詹惠珠。

29. 《非凡新聞周刊》，2006 年 5 月 7 日，第 129 頁。

30. 吳錦勳，台灣，請聽我說，天下文化出版公司，2009 年 8 月。

31. 《經理人月刊》，2005 年 11 月，第 120 頁。

32. 《非凡新聞周刊》，2006 年 5 月 7 日，第 128 頁。

33. 《經濟日報》，2007 年 4 月 3 日，C5 版，龍益雲，B12 版，曹松清。

34. 《工商時報》，2007 年 4 月 9 日，A10 版，黃智銘。

35. 《經濟日報》，2007 年 11 月 8 日，C8 版，邱馨儀。

36. 《工商時報》，2007 年 11 月 27 日，A12 版，陳惠珍。

37. 《工商時報》，2007 年 11 月 17 日，A4 版，黃智銘。

38. 《工商時報》，2007 年 11 月 23 日，A18 版，王尹軒。

39. 《經濟日報》，2007 年 11 月 27 日，C7 版，謝佳雯。

40.《工商時報》，2008 年 12 月 31 日，A12 版，陳惠珍。

## 第二章

1.《工商時報》，2007 年 6 月 22 日，A13版，黃智銘。

2.《非凡新聞周刊》，2006 年 5 月 7 日，第 128 頁。

3.《經濟日報》，2008 年 6 月 2 日，A5 版，蕭麗君。

4.《遠見雜誌》，2005 年 12 月，第 288 頁。

5.《商業周刊》，2005 年 1 月 17 日，第 134 頁。

6.《科學人月刊》，2008 年 5 月，第 21 頁。

7.《工商時報》，2008 年 4 月 1 日，A13 版，袁顥庭。

8. 摘自鄭崇華，「綠色資本趨勢」，《經濟日報》，2007 年 11 月 6 日，A12 版。

9.《經理人月刊》，2005 年 11 月，第 119 頁。

10.《經濟日報》，2009 年 8 月 15 日，C6 版，李正宗。

11.《科學人月刊》，2008 年 5 月，第 20 頁。

12.《經濟日報》，2009 年 11 月 28 日，A6 版，詹惠珠。

13.《經濟日報》，2008 年 4 月 29 日，D1 版，詹惠珠。

14.《財訊月刊》，2006 年 10 月，第 229 頁。

15.《商業周刊》，2006 年 5 月 1 日，第 112 頁。

16.《天下雜誌》，2005 年 6 月 15 日，第 175 頁。

17.《天下雜誌》，2009 年 3 月 11 日，第 45～46 頁。

18. 經濟日報，2009 年 8 月 28 日，C5 版，詹惠珠。

19. 《商業周刊》，2006 年 5 月 1 日，第 106 頁。

20. 《工商時報》，2006 年 2 月 24 日，C3 版，王中一。

21. 《工商時報》，2007 年 11 月 19 日，A7 版，黃智銘。

22. 《工商時報》，2005 年 5 月 4 日，18 版，劉宗熙。

23. 《工商時報》，2007 年 3 月 10 日，C2 版，王中一、黃智銘。

24. 《經濟日報》，2007 年 3 月 8 日，A8 版，龍益雲。

25. 《經濟日報》，2006 年 2 月 24 日，C1 版，詹惠珠。

26. 《工商時報》，2007 年 5 月 7 日，B3 版，王中一。

27. 摘自《天下雜誌》，2008 年 6 月 4 日，第 72 頁。

28. 《非凡新聞周刊》，2006 年 5 月 7 日，第 126 頁。

29. 《商業周刊》，2005 年 1 月 17 日，第 134 頁。

30. 《經濟日報》，2008 年 7 月 9 日，A12 版，詹惠珠；

31. 《工商時報》，B9 版，王中一。

32. 《經濟日報》，2008 年 5 月 20 日，A6 版，何信彰。

33. 《經濟日報》，2008 年 6 月 17 日，A9 版，于倩若。

34. 《工商時報》，2008 年 7 月 11 日，E1 版，李鐏龍。

35. 《工商時報》，2009 年 11 月 28 日，A9 版，王中一。

36. 《工商時報》，2006 年 4 月 1 日，A18 版，侯雅燕。

37. 《今周刊》，2005 年 5 月 23 日，第 106 頁。

38. 《經濟日報》，2005 年 12 月 9 日，A11 版，詹惠珠。

39. 《工商時報》，2005 年 10 月 3 日，C1 版，李洵穎、劉宗熙。

40. 《經濟日報》，2008 年 4 月 23 日，A7 版，劉煥彥。

41. 《經濟日報》，2009 年 1 月 14 日，C3 版，詹惠珠等。

42. 《經濟日報》，2007 年 10 月 25 日，A15 版，詹惠珠。

43. 《工商時報》，2009 年 1 月 14 日，B3 版，王中一。

44. 同 41。

45. 《工商時報》，2009 年 1 年 15 日，A5 版，張秉鳳。

46. 同 43。

47. 《天下雜誌》，2009 年 3 月 11 日，第 46 頁。

48. 《工商時報》，2009 年 10 月 28 日，第 15 版，王中一。

49. 《經濟日報》，2009 年 5 月 1 日，C4 版，黃晶琳。

## 第三章

1. 《天下雜誌》，2007 年 10 月 10 日，第 218 頁。

2. 《哈佛商業評論》，2009 年 4 月，第 20 頁。

3. 《天下雜誌》，2003 年 1 月 15 日，第 178 頁。

4. 《天下雜誌》，2003 年 1 月 15 日，第 117～178 頁。

5. 《經濟日報》，2005 年 12 月 13 日，A5 版，詹惠珠、龍益雲。

6. 《工商時報》，2007 年 6 月 11 日，B3 版，王中一。

7. 《工商時報》，2007 年 5 月 21 日，A4 版，劉家熙、王中一。

8. 《經理人月刊》，2005 年 11 月，第 120 頁。

9. 《工商時報》，2007 年 5 月 21 日，A4 版，劉家熙、王中一。

10. 《工商時報》，2007 年 5 月 21 日，A4 版，劉家熙、王中一。

11. 《工商時報》，2006 年 5 月 11 日，D3 版，謝宛蓉。

12. 《工商時報》，2006 年 5 月 11 日，D3 版，謝宛蓉。

13. 《工商時報》，2006 年 5 月 11 日，D3 版，謝宛蓉。

14. 《工商時報》，2007 年 6 月 22 日，A13 版，黃智銘。

15. 《天下雜誌》，2007 年 10 月 10 日，第 218 頁。

16. 《經理人月刊》，2005 年 11 月，第 120 頁。

17. 《經理人月刊》，2005 年 11 月，第 117 頁。

18. 《工商時報》，2006 年 4 月 10 日，A3 版，謝宛蓉、王中一。

19. 《非凡新聞周刊》，2007 年 9 月 16 日，第 63 頁。

20. 《工商時報》，2007 年 5 月 21 日，A4 版，劉家熙、王中一。

21. 《經理人月刊》，2005 年 11 月，第 116 頁。

22. 《天下雜誌》，2005 年 10 月 15 日，第 202 頁。

23. 《經濟日報》，2008 年 6 月 2 日，A4 版，呂郁青。

24. 《商業周刊》，2006 年 5 月 1 日，第 112 頁。

25. 《經濟日報》，2006 年 5 月 19 日，C3 版，詹惠珠；《工商時報》，C3 版，王中一。

26. 《經濟日報》，2006 年 5 月 19 日，C3 版，詹惠珠。

27. 《經濟日報》，2007 年 5 月 8 日，C2 版，周慶安。

28. 《經濟日報》，2003 年 12 月 16 日，C3 版。

29. 《天下雜誌》，2002 年 3 月 1 日，第 58～59 頁。

30. 《天下雜誌》，2005 年 10 月 15 日，第 204 頁。

## 第四章

1. 《天下雜誌》，2007 年 4 月 11 日，第 128 頁。

2. 《經濟日報》，2007 年 7 月 9 日，A8 版，陳宗齊。

3. 《天下雜誌》，2008 年 3 月 12 日，第 188～189 頁。

4. 《工商時報》，2007 年 4 月 9 日，A10 版，黃智銘。

5. 《經濟日報》，2005 年 12 月 13 日，A5 版，何易霖。

6. 《天下雜誌》，2005 年 2 月 15 日，第 100～101 頁。

7. 《天下雜誌》，2004 年 3 月 1 日，第 155 頁。

8. 《經濟日報》，2009 年 4 月 8 日，A12 版，李立達。

9. 《工商時報》，2007 年 5 月 21 日，A4 版，王中一、劉宗熙。

10. 《經濟日報》，2003 年 12 月 16 日，3 版，陳漢杰。

11. 《經濟日報》，2007 年 9 月 14 日，A3 版，詹惠珠。

12. 摘修自鄭崇華，「綠色趨勢」，《經濟日報》，2007 年 11 月 6 日，A12 版。

13. 《遠見雜誌》，2006 年 5 月，第 232 頁。

14. 《商業周刊》，2005 年 1 月 17 日，第 136 頁。

15. 《經濟日報》，2008 年 4 月 17 日，C2 版，何英煒。

16. 摘修自《天下雜誌》，2002 年 8 月 1 日，第 160～162 頁。

17. 詳見《EMBA 世界經理文摘》，2008 年 5 月，第 15～18 頁。

18. 《天下雜誌》，2004 年 7 月 1 日，第 192～193 頁。

19. 《天下雜誌》，2004 年 3 月 1 日，第 155 頁。

20. 《非凡新聞周刊》，2006 年 5 月 7 日，第 128 頁。

21. 《非凡新聞周刊》，2006 年 5 月 7 日，第 126 頁。

22. 《經濟日報》，2008 年 7 月 9 日，A12 版，詹惠珠。

23. 《天下雜誌》，2004 年 7 月 1 日，第 193 頁。

24. 《工商時報》，2007 年 5 月 21 日，A4 版，王中一、劉宗熙。

25. 《天下雜誌》，2007 年 12 月 5 日，第 142～143 頁。

26. 《天下雜誌》，2004 年 3 月 1 日，第 155 頁。

27. 《天下雜誌》，2006 年 5 月 15 日，第 155 頁。

28. 《工商時報》，2009 年 7 月 19 日，A3 版，于國欽、王中一。

29. 《工商時報》，2006 年 12 月 5 日，A13 版，王中一。

30. 《經濟日報》，2006 年 10 月 4 日，C3 版，邱馨儀。

31. 《經理人月刊》，2005 年 11 月，第 119 頁。

32. 《經濟日報》，2007 年 12 月 20 日，B3 版，楊明俊。

33. 《天下雜誌》，2005 年 6 月 15 日，第 155 頁。

34. 《工商時報》，2007 年 1 月 30 日，B3 版，王中一。

35. 《經濟日報》，2007 年 3 月 18 日，A5 版，邱馨儀。

36. 《工商時報》，2007 年 1 月 30 日，B3 版，王中一。

37. 摘修自《經理人月刊》，2005 年 11 月，第 119 頁。

38. 《經濟日報》，2008 年 4 月 16 日，A14 版，林婉翎。

39. 《天下雜誌》，2004 年 7 月 1 日，第 192 頁。

40. 《經濟日報》，2006 年 5 月 23 日，A3 版，林天良。

41. 《天下雜誌》，2004 年 7 月 1 日，第 193 頁。

42. 《遠見雜誌》，2006 年 5 月，第 232～233 頁。

43.《經濟日報》，2005 年 12 月 13 日，A5 版，詹惠珠、龍益雲。

44.《商業周刊》，2006 年 4 月 10 日，第 92～93 頁。

45.《遠見雜誌》，2005 年 6 月，第 154 頁。

46.《經濟日報》，2006 年 5 月 23 日，A3 版，林天良。

47.《工商時報》，2009 年 10 月 17 日，A9 版，王中一。

48.《經濟日報》，2008 年 4 月 16 日，A14 版，林婉翎。

49.《經濟日報》，2007 年 9 月 14 日，A3 版，詹惠珠。

50. 摘修自《遠見雜誌》，2007 年 9 月，第 274～276 頁。

51.《經濟日報》，2008 年 4 月 22 日，A10 版。


## 第五章

1.《商業周刊》，2007 年 12 月，第 1045 期，第 195 頁。

2. 摘修自《管理雜誌》，2005 年 5 月，第 14 頁。

3.《遠見雜誌》，2005 年 6 月 1 日，第 136 頁。

4.《天下雜誌》，2004 年 3 月 1 日，第 146～147頁。

5.《天下雜誌》，2008 年 3 月 26 日，第 67 頁。

6.《天下雜誌》，2008 年 3 月 26 日，第 40 頁。

7.《天下雜誌》，2007 年 3 月 14 日，第 109 頁。

8.《天下雜誌》，2008 年 3 月 26 日，第 60 頁。

9.《天下雜誌》，2007 年 3 月 14 日，第 127 頁。

10.《遠見雜誌》，2005 年 6 月，第 137 頁。

11.《天下雜誌》，2002 年 10 月 1 日，第 158 頁。

12.《天下雜誌》，2007 年 3 月 14 日，第 106～107 頁。

13.《遠見雜誌》，2006 年 6 月，第 303 頁。

14.《經濟日報》，2008 年 4 月 16 日，A14 版，林婉翎。

15.《天下雜誌》，2006 年 3 月 29 日，第 100 頁。

16.《遠見雜誌》，2005 年 6 月，第 144 頁，林宜諄；2006 年 6
   月，第 302～303 頁，江逸之。

17.《遠見雜誌》，2008 年 4 月，第 122 頁。

18.《遠見雜誌》，2005 年 6 月，第 131 頁。

19.《遠見雜誌》，2005 年 6 月，第 154 頁。

20.《遠見雜誌》，2006 年 5 月，第 232 頁。

21.《遠見雜誌》，2008 年 4 月，第 126 頁。

22.《天下雜誌》，2006 年 3 月 29 日，第 103 頁。

23.《經濟日報》，2008 年 4 月 13 日，A7 版，宋健生。

24.《工商時報》，2008 年 4 月 1 日，A13 版，袁顥庭。

## 第六章

1.《經濟日報》，2005 年 12 月 4 日，A7 版，詹惠珠。

2.《天下雜誌》，2004 年 3 月 1 日，第 155 頁。

3.《天下雜誌》，2001 年 12 月 1 日，第 270 頁。

4.《工商時報》，2007 年 5 月 21 日，A4 版，王中一、劉家熙。

5.《天下雜誌》，2004 年 3 月 1 日，第 155 頁。

6.《經濟日報》，2003 年 12 月 16 日，3 版。

7. 《經濟日報》，2005 年 12 月 13 日，A5 版，詹惠珠等。

8. 《經濟日報》，2007 年 2 月 20 日，A11 版，李珣瑛。

9. 《經濟日報》，2008 年 11 月 19 日，D7 版，邱思婕。

10. 《非凡新聞周刊》，2001 年 5 月 7 日，第 126 頁；《遠見雜誌》，2005 年 5 月 1 日，第 156 頁。

11. 《經濟日報》，2007 年 1 月 30 日，C5 版，龍益雲。

12. 《經濟日報》，2008 年 5 月 6 日，C1 版，李純君。

13. 《經濟日報》，2005 年 11 月 2 日，A11 版，詹惠珠。

14. 《財訊月刊》，2008 年 7 月，第 182～184 頁，吳泉源。

15. 《經濟日報》，2008 年 5 月 29 日，C4 版，傅秉祥。

16. 《商業周刊》，2008 年 6 月，第 1073 期，第 104～105 頁。

17. 《天下雜誌》，2004 年 3 月 1 日，第 31 頁。

18. 《天下雜誌》，2004 年 3 月 1 日，第 147 頁。

19. 《遠見雜誌》，2005 年 6 月，第 155～156 頁。

20. 《經濟日報》，2009 年 9 月 5 日，A12 版，詹惠珠、黃依歆。

21. 摘修自齊立文，「穆罕默德・尤努斯」《經理人月刊》，2006 年 1 月，第 139～143 頁。

22. 《經濟日報》，2008 年 1 月 26 日，A9 版，謝璦竹。

# 推薦閱讀

1. 胡華盛，股價評估模式的選擇──以台灣科技公司台達為例，政治大學金融研究所碩士論文，1999 年 6 月。

2. 楊艾俐，孫運璿傳，天下雜誌，2000 年 4 月，初版。

3. 李健民，台灣廠商國際化之策略與組織調控之研究──以台達電子和宏碁電腦為例，台灣大學國際企業研究所碩士論文，2001 年 6 月。

4. 李忠傑，由進化的觀點探討國際供應鏈的設計與管理──以台達電子為研究個案，台灣大學商學研究所碩士論文，2002 年 5 月。

5. 楊艾俐，「柯林斯：你可以做最高境界領導人」，天下雜誌，2003 年 1 月 15，第 174～178 頁。

6. 郭智文，專業零組件廠商垂直整合策略與競合關係之個案研究，台灣大學國企所碩士論文，2003 年 7 月。

7. 吳蓬琪，企業在不同成長階段的資訊化策略發展歷程比較研究──以台達電子為例，台灣大學資訊管理研究所碩士論文，2004 年 6 月。

8. 賽門・查達克，「企業責任之路」，哈佛商業評論，2004 年 12 月，第 143～152 頁。

9. 何蘊初，台達電子通訊電源事業處之策略訂定，清華大學科技

管理學院碩士論文，2005 年 5 月。

10.陳昌陽，「管理達人訪談：鄭崇華」，經理人月刊，2005 年 11 月，第 114～120 頁。

11.楊淑娟，「比爾‧蓋茲：公益是最好的投資」，天下雜誌，2006 年 3 月 29 日，第 126～128 頁。

12.鄭立渝，制度與公司資源對網路策略之影響——鴻海與台達在大陸經營，屏東商業技術學院行銷與流通管理系碩士論文，2006 年 6 月。

13.徐菁伶，企業型基金會推動與贊助環境教育的個案研究——以台達電子文教育基金會為例，台北市立教育大學環境教育研究所碩士論文，2006 年 7 月。

14.陳奕安，台達投影機事業部競爭優勢分析，台灣科技大學企管所碩士論文，2006 年 11 月。

15.蘇育琪譯，「CSR 行善致勝」，天下雜誌，2008 年 3 月 26 日，第 72～76 頁。

16.穆罕默德‧尤努斯，打造富足新世界，博雅書屋公司，2008 年 11 月。

17.吉姆‧柯林斯，「A$^+$企業為何由盛而衰？」，經理人月刊，2009 年 7 月，第 116～123 頁。

18.蕭富元，「A$^+$公司走向衰敗的五個階段」，天下雜誌，2009 年 7 月 15 日，第 101～112 頁。

國家圖書館出版品預行編目資料

台達電的綠能傳奇／伍忠賢著.
－－初版.－－臺北市：五南，2010.01
　面；　公分
ISBN 978-957-11-5851-8（平裝）
1.台達電子工業公司　2.企業社會學
3.環境保護
490.15　　　　　　　　　98021914

1FL9

# 台達電的綠能傳奇

作　　　者 — 伍忠賢（31.3）

發 行 人 — 楊榮川

總 編 輯 — 龐君豪

主　　編 — 張毓芬

責任編輯 — 吳靜芳、林秋芬

封面設計 — 盧盈良

出 版 者 — 五南圖書出版股份有限公司

地　　　址：106台北市大安區和平東路二段339號4′

電　　話：(02)2705-5066　傳　真：(02)2706-61′

網　　址：http://www.wunan.com.tw

電子郵件：wunan@wunan.com.tw

劃撥帳號：01068953

戶　　名：五南圖書出版股份有限公司

台中市駐區辦公室／台中市中區中山路6號

電　　話：(04)2223-0891　傳　真：(04)2223-35

高雄市駐區辦公室／高雄市新興區中山一路290號

電　　話：(07)2358-702　傳　真：(07)2350-2

法律顧問　元貞聯合法律事務所　張澤平律師

出版日期　2010年1月初版一刷

定　　價　新臺幣199元